Tobias Böckermann
Jürgen Borris
Willi Rolfes

DER ROTHIRSCH

Ein Mythos im Revier

Müller Rüschlikon

Einbandgestaltung: R2 I Ravenstein, Verden

Titelfoto: Willi Rolfes

Alle Fotos: Jürgen Borris und Willi Rolfes
Text: Tobias Böckermann

ISBN 978-3-275-02077-5

Postfach 103743, 70032 Stuttgart
Ein Unternehmen der Paul Pietsch Verlage GmbH & Co. KG
Lizenznehmer der Bucheli Verlags AG, Baarerstr. 43, CH-6304 Zug

1. Auflage 2016

Sie finden uns im Internet unter
www.mueller-rueschlikon-verlag.de

Lektorat: Claudia König
Innengestaltung: Kornelia Erlewein
Repro: Kornelia Erlewein
Druck und Bindung: Gorenjski tisk storitve, Kranj
Printed in Slovenia

Auf ein paar Worte – Einleitung

GÄNSEHAUT, daran erinnern sich viele, die zum ersten Mal einem Rothirsch in freier Wildbahn begegnet sind. Elegant, stolzen Hauptes, erhaben – so traben die großen Tiere durch Wald und Feldflur, und die meisten Menschen glauben dann vermutlich, das Wichtigste über den europäischen Rothirsch bereits zu wissen, nämlich, dass er einen letzten Rest Wildnis symbolisiert. Aber weit gefehlt: es dürfte im Gegenteil nur wenige Tiere geben, deren Schicksal so stark vom Menschen abhängt, wie das des Rothirschen. Ein Tier der Irrtümer ist er neben seiner Eleganz eben auch.

Als »König der Wälder« wird er stets und immer noch gern besungen – aber genau das ist er nicht. Er stammt aus der Steppe und zieht sich nur vor dem Menschen in den Wald zurück.

Als nachtaktives Wild verbringt er den Tag in der Dickung – vor menschlichen Augen verborgen. Aber dieses Verhalten ist ihm gar nicht angeboren, er macht aus Furcht vor Störung und Jagd die Nacht zum Tage. Einem König stünde es frei, zu gehen, wohin er möchte – aber dem einstigen Weltenbummler Rothirsch hat man das Wandern vielerorts in Deutschland bei Todesstrafe verboten und ihn in Reservaten untergebracht.

Als König galt der Hirsch auch deshalb, weil er keinen natürlichen Feind zu fürchten brauchte außer den Menschen. Aber auch das ändert sich mit der Rückkehr von Wolf und Luchs gerade grundlegend.

Und nach der Wiederkehr des 800 Kilogramm schweren Wisents ins Rothaargebirge und mit dem Auftauchen erster einsamer Elche in Ostdeutschland ist der Rothirsch auch nicht mehr das größte Landsäugetier deutscher Wälder. Selbst die Kegelrobbe an Deutschlands Küste wird mit ihren bis zu 300 Kilogramm viel schwerer als der kapitalste Rothirsch.

Es gibt also viele Gründe, um die Rolle des Rothirsches in der Natur ganz neu zu beleuchten. Sie ist nicht weniger faszinierend als vorher, aber es ist an der Zeit, den großen Graser nicht nur als Jagdbeute des Menschen, sondern als Teil eines großen Ganzen zu betrachten.

Der Rothirsch ist von Natur aus weder ein Waldschädling noch ein Bauernschreck, er dient nicht nur dem Ernten von Spitzengeweihen, sondern bietet auch bestes, natürliches Wildbret.
Er ist zwar kein König, aber edel und faszinierend genug, um auch nach vielen Jahrtausenden in Mythologie und Glaubenswelten bis heute einen Platz im Herzen der Menschen zu finden.

Dieses Buch ist deshalb auch ein Plädoyer für Freiheit und Wildnis – und zwar ganz im Sinne einer Natur, die wir so natürlich gestalten sollten wie in einer Kulturlandschaft möglich. Mit wandernden Hirschen und einem Verständnis von biologischen Zusammenhängen, das weit über das traditionelle Bild des röhrenden Königs der Wälder hinausgeht.

DER ROTHIRSCH –
ein Steppenriese

Der Europäische Rothirsch (Cervus elaphus) zählt zu den größten Wildtieren Europas. Seine Vorfahren entwickelten sich vor etwa 400.000 Jahren in Mittelasien und breiteten sich von dort nach Europa aus. Später erreichte die Hirschfamilie über die damals vereiste und somit begehbare Beringstraße auch Nordamerika.

Die Gattung Cervus stammt aus der Steppe Asiens, entsprechend ernährt sie sich bis heute hauptsächlich von Gras. Auch der europäische Rothirsch kommt damit am besten klar und ist als Wiederkäuer in der Lage, so wie Schafe und Kühe auch, große Mengen des energiearmen, aber reichlich vorhandenen Steppenfutters aufzunehmen.

Vor mehreren hunderttausend Jahren besaßen die Hirsche übrigens noch keine Geweihe, für ihre Rangkämpfe nutzten Männchen und Weibchen gleichermaßen lange scharfe Eckzähne, die den Hauern der Wildschweine ähnelten. Diese messerscharfen Waffen haben sich im Laufe der Evolution und mit dem Größenwachstum der Geweihe zurückgebildet. Geblieben sind nur kleine Eckzähnchen im Oberkiefer, die sogenannten Grandeln. Bei Jägern sind sie als Trophäe und Schmuckstücke begehrt.

Alttier und Kalb ziehen im Troll (dem Trab) durch die Heide. In störungsfreien Gebieten ist Rotwild auch tagsüber aktiv.

Biologie, Feldmerkmale, Begriffe

Zunächst sei der Form halber darauf hingewiesen, dass der Rothirsch ein »echter Hirsch« ist. Was irgendwie nach »falscher Hase« klingt, ist ernst gemeint. Denn in der Biologie, also der Lehre über das Leben, geht es immer wieder darum, Arten zu unterscheiden oder auch Gemeinsamkeiten festzustellen. Die Stellung einer Art im Tierreich ist Gegenstand jahrzehntelanger Forschung und damit auch der Veränderung.

Die »echten Hirsche« gehören in diesem System zur sogenannten Tribus der Hirsche. Tribus bezeichnet in der Systematik der Biologie eine Rangstufe, die zwischen Unterfamilie und Gattung liegt – die dazu Gehörigen sind also alle recht eng miteinander verwandt.

40 Arten gehören zur Gruppe der »echten Hirsche«. Ihre entscheidende Gemeinsamkeit, also das, was sie am Ende dieser Gruppe zugehörig macht, ist eine spezielle Zehenstellung, also eher etwas für Fachleute. Dennoch sei hier noch einmal festgestellt: Der Rothirsch (Cervus elaphus) gehört zur Ordnung der Paarhufer, zur Unterordnung der Wiederkäuer; zur Familie der Hirsche (Cervidae) zur Unterfamilie der Altwelthirsche oder Echten Hirsche.

Mehr sei zu diesen Feinheiten aber nicht berichtet. Vom Rothirsch gibt es auf dem Globus zahlreiche Unterarten und Varianten – in diesem Buch soll es um den (West-) europäischen Rothirsch gehen, der sehr eng mit dem nordamerikanischen Wapiti verwandt ist. Letzterer wurde lange Zeit als Unterart des Rothirsches eingeordnet, inzwischen gilt er aber als eigene Art, was den zuvor angedeuteten stetigen Fortschritt der Erkenntnisse durch Forschung belegen mag. Auch der in Deutschland ebenfalls lebende Damhirsch ist ein Echter Hirsch, mit dem Rotwild aber nicht nahe genug verwandt, um sich mit ihm paaren zu können. Der Elch hingegen, der einst in Deutschland lebte, ist ein Trughirsch.

Beim Reh wiederum handelt es sich um die in Europa kleinste und zugleich häufigste Hirschart. Allerdings gehört es nach der zuvor benannten Definition der Echten Hirsche nicht zu dieser Gruppe: die Zehenstellung weist das Reh als sogenannten Neuwelt- oder Trughirsch aus. Es ist dadurch näher mit dem Ren oder dem Elch verwandt als mit dem Rothirsch.

Hat man nun also einen echten mitteleuropäischen Rothirsch vor sich (es gibt auch eigene geographische Formen in Schweden, Norwegen oder Schottland), gilt es nach Geschlecht und Alter zu unterscheiden.

Getrennte Kreise: Die männlichen Rothirsche gehen außerhalb der Brunftzeit weitgehend ohne weibliches Wild ihrer Wege.

Zwei Alttiere im Eichen-Buchen-Mischwald. Tagsüber hält sich Rotwild in den Einständen auf, die es zur Nachtzeit verlässt.

Ein kapitaler Hirsch wie man ihn selten antrifft. Aufgrund der unterschiedlichen Zahl der Geweihenden bezeichnet man ihn als ungeraden 20-Ender.

Rehwild (ganz links), Sikawild (Mitte links, Mitte rechts) und Damwild – Verwandte und zum Teil auch Lebensraumgenossen des Rothirsches.

Geweihträger sind immer männlich. Ein Zwölfender ist ein Hirsch, dessen Geweihstangen jeweils sechs Enden aufweisen – allerdings ist er deshalb nicht zwingend zwölf Jahre alt.

Es gibt alte Hirsche mit einem nur achtendigen Geweih und auch jüngere Tiere, die deutlich mehr Enden aufweisen.

Im Alter von sechs bis sieben Jahren ist die individuelle Geweihform und endgültige Endenzahl erreicht – das Geweih gewinnt in den Folgejahren in der Regel mit derselben Endenzahl und gleicher Ausprägung lediglich an Stärke und Gewicht.

Sicher ist: Je mehr Enden vorhanden sind, desto mystischer, kraftvoller, erfahrener und begehrter ist ein solches männliches Tier, das ob seiner mit dem Alter verbundenen Größe und Masse auch meistens zum Platzhirschen aufzusteigen vermag.

Für viele Jäger ist das Geweih Inhalt einer Leidenschaft je größer, gleichmäßiger gebaut und schwerer, desto besser. Man versucht sogar, die Schönheit des Geweihs anhand von Punktetabellen zu objektivieren und zu messen, zum Beispiel mit dem sogenannten CIC-Bewertungssystem, das Stangenlänge, Stangenumfang und Augsprossenlänge angibt, oder den Umfang der Rosen zu begutachten. Am Ende winken dann Bewertungen in Bronze, Silber oder Gold.

Ein Spätsommerabend – das Brunftrudel hat sich schon zusammengefunden.

Von Rudeln und Stücken

Der Rot- oder Edelhirsch gilt seit Jahrhunderten als das Jagdwild schlechthin, als Objekt der Wilderei ebenso wie der erlaubten jagdlichen Begierde. Deshalb ist ein ganzer Strauß an Begriffen entstanden, die die einzelnen Bestandteile eines Hirschrudels ansprechen, und die hier kurz benannt werden sollen. Sie entstammen der Jagdwelt und erleichtern die schnelle Kommunikation mit Blick auf die Jagdbeute – allen Beteiligten ist dadurch sofort klar, ob von einem männlichen Hirsch oder einem weiblichen die Rede und wie alt das Tier ungefähr ist. Dieser Sprachgebrauch ist auch unter Biologen weitgehend üblich, weil er die Zusammenhänge des Rudels gut beschreibt, und soll deshalb im Folgenden erläutert werden.

Der männliche Hirsch heißt einfach nur Hirsch oder recht pathetisch »Geweihter«. Sein weibliches Gegenstück dagegen nennt man Rottier, Tier oder Stück, die Mehrzahl »Stücken«.

Ein Kalb wird zwar wie alle anderen Säugetiere geboren, man nennt das aber »setzen« – es wird also gesetzt, was am Verhalten der Rotwildkälber in den ersten Lebenswochen liegen mag: sie ducken sich tagsüber stundenlang ins hohe Gras, während das Muttertier in der Nähe, das Kalb stets in der Witterung, Nahrung aufnimmt (es äst). Kälber werden so von Fressfeinden kaum wahrgenommen.

Ein männliches Kalb heißt Hirschkalb, das weibliche Wildkalb. Letzteres wird mit dem ersten Geburtstag zum Schmaltier, und so heißt es auch, bis es seinerseits erstmals ein Kalb gesetzt hat. Danach heißt es Alttier.

Das männliche Hirschkalb wird am ersten Geburtstag zum Schmalspießer, weil es nun sein erstes Geweih als Spieße trägt. Diese wachsen aus zwei Stirnzapfen, den Rosenstöcken.

Nachdem der Hirsch das Geweih abgeworfen hat, beginnt das Wachstum des neuen unmittelbar.

Ein Schmalspießer im zweiten Lebensjahr. Das Geweih besitzt noch keine Rosen.

Ein junger 8-Ender vom »zweiten Kopf«. Er trägt nach den Spießen sein zweites Geweih.

Der Geweihzyklus

Eine wahrlich faszinierende Erfindung der Natur ist das Geweih, das aus mehreren Kilogramm Knochenmasse besteht und – das ist das Besondere – jährlich erneuert wird. Der sogenannte Gehweihzyklus des Rotwildes ist bis heute nicht endgültig aufgeklärt. Man weiß nicht sicher, warum der Hirsch sein Geweih überhaupt abwirft und es nicht stattdessen einfach für immer auf dem Kopf herumträgt. Denn das wäre auf jeden Fall weniger kräftezehrend – immerhin muss der Hirsch Jahr für Jahr vier bis fünf Kilogramm Knochenmasse neu aufbauen, und das in nur rund 140 Tagen, die vom Abwurf des alten Geweihs zwischen Februar und April und der im Herbst einsetzenden Brunft liegen.

Eine Theorie geht davon aus, dass junge Rothirsche, da körperlich noch nicht ausgewachsen, einfach noch nicht in der Lage sind, ein endgültiges und dauerhaftes großes Geweih auszubilden.

Wachstum und Abwurf der großen Stangen werden durch den wechselnden Lichteinfall der Jahreszeiten und damit hormonell gesteuert. Der Jahreszyklus besteht, verkürzt dargestellt, aus Schieben, Fegen und Abwerfen. Mit dem Anwachsen der Kolben, also der Geweihstangen, steigt auch der Testosteron-Gehalt im Hirschhoden – verkürzt kann man sagen, dass ein Hirsch, der kein Geweih trägt, auch nicht fortpflanzungsfähig ist.

Während der Wachstumsphase ist das Geweih von einer Basthaut umgeben, die das neue Gewebe versorgt. In dieser Zeit ist es auch mit zahlreichen Duftdrüsen ausgestattet, mit deren Hilfe der Hirsch seine Umgebung markiert. Mit der Zeit verknöchert der bisher schwammige Geweihknochen, die Basthaut stirbt ab und wird gefegt, also an Zweigen und Sträuchern abgestreift. Nach einigen Wochen der Aushärtung ist das Geweih für die Brunftkämpfe einsatzbereit. Ab Februar wirft der Hirsch das Geweih ab und zwar, indem die Zellschicht, die zwischen den Rosenstöcken und den Geweihstangen als Basis liegt, wieder stark durchblutet wird. So lockern sich die Stangen und fallen oder sie werden abgestreift.

Das Hirschgeweih – mehr als Knöpfe

Das Hirschgeweih wird traditionell unter anderem zu Knöpfen aller Art verarbeitet. Dass hinter der enormen Wachstumsleistung, die ein Hirsch Jahr für Jahr erbringt, aber mehr stecken könnte, hat schon seit längerem die Wissenschaft fasziniert und interessiert.

Denn nicht nur die Wachstumsgeschwindigkeit von bis zu zwei Zentimetern pro Tag erstaunt – handelt es sich doch um das einzige Körperteil eines Säugetiers, das innerhalb kurzer Zeit vollständig erneuert werden kann. Hart und stabil ist der neue Geweihknochen noch dazu, und das brachte Göttinger Forscher auf die Idee, nach Möglichkeiten einer Nutzung in der Gesichtschirurgie zu suchen. Denn gerade nach schweren Unfällen könnten schnell wachsende Knochen helfen, deformierte Schädel wiederherzustellen – wenn man nur wüsste, wie sich das Wachstum neuer Knochen auf Grundlage körpereigener Zellen in Gang bringen ließe.

Die Wissenschaftler interessieren sich deshalb vor allem für die biologischen Mechanismen, die Hirschen Jahr für Jahr die Bildung eines neuen Geweihknochens ermöglichen. Die Forschungsgruppe »Experimentelle Osteologie« des Biologen Hans Joachim Rolf und des Mediziners Karl Günter Wiese hat zuletzt am Damhirschgeweih einen Mechanismus entdeckt, mit dem Stammzellen von erwachsenen Säugetieren wichtige Faktoren, die die Eigenschaften und Fähigkeiten einer Zelle beeinflussen, auf andere Gewebezellen übertragen können. Dahinter steckt möglicherweise ein generelles biologisches Prinzip, mit dessen Hilfe bestimmte Stammzelltypen in Körpergeweben in der Lage sind, andere Zellen aus ihrer unmittelbaren Umgebung umzuprogrammieren. Verkürzt gesagt, wächst offensichtlich aus dieser Zellbasis das neue Geweih, und wenn man weiß, wie genau die Kommunikation der Zellen funktioniert, könnte man vielleicht auch menschliche Zellen dazu bewegen, Knochen wachsen zu lassen.

Das Hirschgeweih dient nicht nur dem Kampf – aus ihm lässt sich auch Handwerkliches herstellen. Das große Geweih stammt von einem alten Hirsch, der älter war als zwölf Jahre. Verformungen werden als »Zurücksetzen« bezeichnet.

Lauscher, Haupt und Lichter

Lauscher

>> Die auffallend langen und unabhängig voneinander beweglichen Ohren der Hirsche nennt man Lauscher. Mit ihnen können sie Geräuschquellen sehr gut orten.

Lichter

>> Die Augen heißen Lichter. Weil sie seitlich am Kopf stehen, kann der Hirsch ein weites Gesichtsfeld überblicken.

Haupt

>> Den Kopf bezeichnet man als Haupt. Je älter ein Hirsch, desto breiter wird es vor allem in der Stirnpartie. Den alten Hirsch kennzeichnen Stirnlocke, Ramsnase und Wamme – das Haupt wirkt quadratisch.

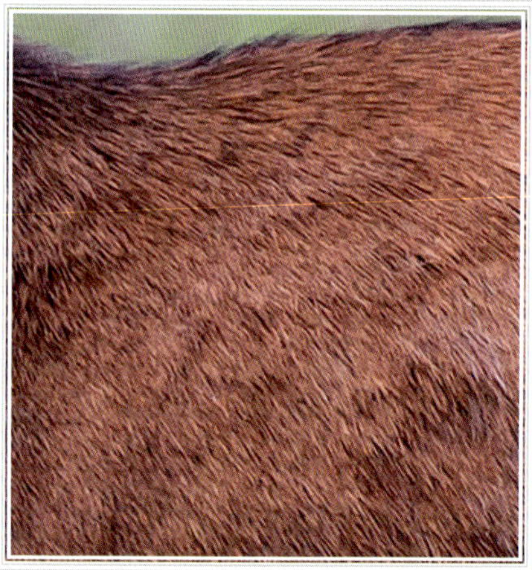

Decke

>> Als Decke wird das Fell bezeichnet. Die Fellhaare werden zwei Mal pro Jahr gewechselt. Im Sommer sind sie haselnussbraun, was dem Tier seinen Namen gab. Die Winterdecke ist graubraun bis graugelb. Kälber tragen ein rotbräunliches Fell mit weißen Fleckenreihen. Kapitale Hirsche entwickeln eine bis zu 15 Zentimeter lange Halsmähne. Alle Tiere tragen am Hinterteil eine Spiegel genannte teilweise Weißfärbung der Oberschenkel. Sie dient auf der Flucht als Warnsignal für die Rudelgenossen.

Windfang

>> So wird die Nase bezeichnet. Sie macht den Hirsch zu einem sogenannten Makrosmatiker, also einem Tier, dessen Geruchssinn besonders gut entwickelt und der für Überleben und Kommunikation besonders wichtig ist. Menschliche Witterung kann ein Hirsch bei guten Bedingungen aus mehreren Hundert Metern wahrnehmen.

Schalen

>> Die Hufe. Schalenwild ist demnach die Bezeichnung für zu den Paarhufern zählende Wild-Arten (Rot-, Dam-, Reh-, Elch-, Muffel-, Gems-, Stein- und Schwarzwild).

Stimme

>> Rothirsche sind in der Lage, zahlreiche Laute von sich zu geben. Besonders bekannt ist der Brunftschrei, also das Röhren der Hirsche zur Paarungszeit, das unmissverständlich klar machen soll, wer der Stärkere ist. Kälber geben beim Saugen kurze Behaglichkeitslaute ab und können mit einer Bettelstimme nach ihrer Mutter rufen. Auch können sie deutlich machen, wenn ihnen das Verlassenwerden durch die Mutter nicht gefällt oder bei Gefahr gellendklagend auf sich aufmerksam machen. Die Mütter erkennen, wie andere Säugetiere auch, ihre Kälber an der Stimme. Ähnlich wie Rehe geben auch Rothirsche bellende Schrecklaute von sich, wenn sie sich bedroht fühlen.

Lebensraum, Nahrung, Verbreitung

Nachdem nun die wichtigsten Grundlagen benannt sind, mit denen im Folgenden immer wieder gearbeitet wird, lohnt ein Blick auf Biologie, Verbreitung und Lebensweise des Rotwildes allgemein.

Ursprünglich war es in Europa, West- und Zentralasien sowie Nordafrika verbreitet, hat aber vor allem in Asien einen Teil seines Lebensraumes verloren. In Deutschland war Rotwild ursprünglich überall anzutreffen, ist aber auch hier auf vergleichsweise wenige Gebiete, vor allem die Mittelgebirge und die Alpen, beschränkt worden, weshalb es stellenweise sogar auf der Vorwarnliste der Roten Liste geführt wurde.

Zu den rothirschreichen Ländern in Europa zählen Großbritannien (wo allerdings nordamerikanische Wapitis und japanische Sikahirsche eingekreuzt wurden), Deutschland, Österreich und Spanien. In der Schweiz war der Rothirsch um 1850 ausgerottet, kehrte später aber über die Alpen zurück. Hohe Bestände leben außerdem in Polen, Tschechien, der Slowakei, Serbien, Ungarn, Kroatien, Bosnien und Rumänien. Frankreich, Italien, Griechenland, Belgien, Irland, die Niederlande sowie Norwegen und Schweden weisen nur kleine Bestände auf. Die Populationen auf Korsika und Sardinien, die bisweilen als Unterart angesehen werden, gelten als bedroht.

Neben den aktuellen Vorkommen in Europa, Asien und Nordafrika (hier lebt der Berberhirsch) ist der Rothirsch in einigen weiteren Ländern der Erde eingebürgert worden, und zwar mit so großem Erfolg, dass er regional als Schädling gilt.

Sehr wohl fühlt er sich unter anderem in Australien, Argentinien, Chile, den USA, Kanada und Neuseeland. Die Erfahrungen, die mit dieser zum Zwecke der Bejagung eingeführten Tierart gemacht wurden, sind dabei unterschiedlich. So wie der Bestand in Südamerika vergleichsweise klein und damit ohne größere Folgen blieb, gilt dies auch weitgehend für Australien. Anders ist die Situation in Neuseeland, wo die klimatischen Bedingungen die Ausbreitung von Rothirschen begünstigten. Europäische Tiere kamen zwischen 1854 und 1926 ans andere Ende der Welt und wirken inzwischen negativ auf die Biodiversität Neuseelands. Durch ihr Äsungsverhalten tragen sie zur Erosion von Hängen bei, verändern nachhaltig die Pflanzenstruktur und fördern die Ausbreitung eingeführter Pflanzenarten wie Disteln, Greiskraut und Clematis.

Eine intensive Jagd begann deshalb schon früh, sogar von Helikoptern aus. Und weil es gelang, das Rotwildfleisch zunehmend weltweit zu vermarkten, entstanden zusätzlich zu den wild lebenden Beständen Farmen, in denen Hirsche wie Nutztiere gehalten werden.

Aufgrund ihrer Schadwirkung in Ländern, in denen sie ursprünglich nicht vorkamen, und als dort vom Menschen eingeführte Tierart, zählen Rothirsche zu den 100 gefährlichsten Neobiota weltweit. (Neobiota sind Tier- oder Pflanzenarten, die von Natur aus nicht in einem Land vorkommen, sondern erst durch den Einfluss des Menschen dorthin gekommen sind.)

Rotwild zieht zur Nahrungssuche durch die Ostsee von den Werder-Insel vor der Küste Mecklenburg-Vorpommerns nach Pramort auf Zingst.

Gewicht und Größe

Je nach Lebensraum schwanken Körpergröße und Gewicht des mitteleuropäischen Rothirsches enorm – die männlichen Tiere erreichen eine Kopf-Rumpf-Länge von 180 bis 210 Zentimetern, eine Körperhöhe von 100 bis 115 Zentimetern und ein Gewicht von 85 Kilogramm auf Korsika und bis 300 Kilogramm etwa in Ungarn oder Rumänien. Grundsätzlich nehmen Körpergröße und Körpergewicht von West- und Nordwesteuropa in Richtung Ost- und Südosteuropa zu, was der sogenannten Bergmannschen Regel entspricht, nach der warmblütige Tiere einer Art in kälterem Klima durchschnittlich größer sind.

Allerdings schwanken die Gewichte selbst innerhalb eines Verbreitungsgebietes und innerhalb einer Population bei gleichalten Tieren stark. Hirsche sind mit etwa sieben Jahren ausgewachsen, erreichen ihr maximales Körpergewicht allerdings erst mit sieben bis zehn Jahren. Das Kahlwild ist schon mit drei Jahren ausgewachsen, erreicht das Höchstgewicht aber mit acht bis neun Jahren.

In freier Wildbahn werden Rothirsche in Einzelfällen bis zu 18 Jahre alt, in Gefangenschaft bis zu 20. In einer sich selbst überlassenen Population dürfte dieses Alter aber kaum erreicht werden, da den Tieren schon früher die Zähne ausfallen und sie nur schwer an Nahrung gelangen.

Der Wolf ist der neue uneingeschränkte König im Rotwildrevier. Jedenfalls dort, wo der Braunbär (folgende Doppelseite) nicht mehr oder noch nicht wieder vorkommt. Die Rückkehr der großen Beutegreifer wird nach Einschätzung von Experten das Verhalten des Wildes verändern.

Natürliche Feinde

Ganz klar: sein größter Feind ist aus Sicht des Rothirsches der Mensch. Allein im Straßenverkehr kommen etwa 3.000 Stück pro Jahr ums Leben. Und nachdem vor zehn Jahren etwa 60.000 Stücke pro Jahr von Jägern erlegt wurden, waren es zuletzt 75.000 – ohne nennenswerte Folgen auf den eher steigenden Gesamtbestand.

Krankheiten spielen als Todesursache vor allem bei Kälbern eine gewisse Rolle. Natürliche Feinde hatte der Rothirsch bis vor wenigen Jahren in Deutschland praktisch keine: Wolf, Bär und Luchs waren ebenso ausgerottet. Diese Situation ändert sich gerade grundlegend, dazu später mehr.

Auch der Luchs mag Rotwildfleisch – er jagt im Gegensatz zum Wolf, der seine Beute verfolgt und hetzt, aber aus der Deckung, wo er seiner Beute auflauert, um sie anzuspringen.

Nahrung

Je nach Jahreszeit und Angebot wechselt auch die Nahrung des Rotwildes. Mehr als 250 Pflanzenarten werden genutzt, darunter Gräser, Kräuter, Triebe, Knospen, Nadeln, Blätter, Rinde, Eicheln, Kastanien, Bucheckern, Rüben, Mais, Hafer und Kartoffeln. Eine Untersuchung aus Norddeutschland hat gezeigt, dass die Brennnessel dort zu den beliebtesten Nahrungspflanzen gehörte und dass der Rothirsch sie über Samen im Kot unfreiwillig aber aktiv in seinem Äsungsgebiet verbreitet.

Der Rothirsch gilt nahrungstechnisch als Intermediärtyp – besetzt also eine Zwischenstellung zwischen reinen Raufutterverwertern wie dem Wisent und sogenannten Konzentratselektierern wie dem Reh, die auf hochwertige, also viel Energie oder Eiweiß enthaltende Nahrung angewiesen sind. Der Rothirsch benötigt als Wiederkäuer acht bis 20 Kilogramm Grünäsung am Tag, die im bis zu 25 Liter fassenden Pansen verdaut werden kann. Weil Rotwild sich als ehemaliges Steppentier in Ermangelung der einstigen Steppe auch gerne auf Äckern gütlich tat (und tut), und erheblichen Ernteschaden anrichten konnte, war es im 19. Jahrhundert nach der Freigabe der Jagd auch außerhalb des Adels vornehmlich auf dem Land stellenweise ausgerottet worden.

Eicheln

Schwarzdorn, Schlehen

Hagebutten

Pfaffenhut

Buschwindröschen

Buche

Die Buchecker dient nicht nur als Hirschnahrung, sondern ist auch Anlass für Streit. Dann nämlich, wenn es um die Naturverjüngung des Waldes geht, die das Wild manchmal behindert.

Besenginster

Trespe

Schmalspießer auf Wildäsungsfläche mit Raps und Phacelia.

Wald und Wild

Heute wird der Hirsch vielerorts als Waldschädling angesehen, weil er in der Lage ist, den Jungwuchs eines Laubwaldes zu vernichten, die Naturverjüngung zu verzögern oder zumindest die Jungbäume durch Verbiss nicht gerade, sondern krüppelig wachsen zu lassen. Neuanpflanzungen müssen deshalb teuer gegen Verbiss geschützt werden. Allerdings dürfte zumindest den massiven Wildschäden stets eine Störung der natürlichen Verhältnisse zugrunde liegen – entweder ist der Rotwildbestand zu hoch, oder er ist auf einen zu kleinen Lebensraum beschränkt. Auch wird Rotwild zu oft gestört oder durch Jagddruck ausschließlich in den Wald zurückgedrängt, sodass unverhältnismäßig mehr Nahrung im Wald aufgenommen werden muss als im Freiland.

An dieser kleinen Fichte hat der Hirsch mit seinem Geweih »geschlagen« – mit deutlichen Folgen.

Gepflanzte Buchen sollen den Kiefernwald verjüngen und durchmischen. Noch hat das Rotwild nur erste Verbissschäden angerichtet und den Terminaltrieb verschont. Wird er angefressen, wächst statt einer aufrechten schlanken Buche ein buschiger Baum.

Auch der Verbiss von jungen Trieben wird von Forstleuten argwöhnisch beobachtet. Hier tut sich ein Schmalspießer an der Spätblühenden Traubenkirsche gütlich, was die Forstleute bei dieser invasiven Art gerne sehen.

Der Wisent war einst ein weit verbreiteter Lebensraumgenosse des Rothirschen.

Das gilt auch für den Elch. Er kehrt langsam in einige Wälder Ostdeutschlands zurück.

Die Sache ist dabei komplex. Denn klar ist: wäre der Rothirsch per se ein Waldschädling, gäbe es keinen Wald mehr und das ist ja bekanntlich nicht so. Allerdings hat es früher stets Bär und Wolf und als Regulativ gegeben, dazu weniger Futter auf den Äckern – der Rotwildbestand ist deshalb sicher niedriger gewesen als heute.

Und schließlich erfreut sich seit Jahren die Megaherbivorentheorie großer Beliebtheit, nach der große Pflanzenfresser schon immer natürlicherweise erheblichen Einfluss auf die Landschaft genommen haben. Wisent, Auerochse, Elch,Wildpferd und Hirsch (und früher Wollnashorn oder Mammut) haben der Theorie zufolge dafür gesorgt, dass Mitteleuropa nicht überall mit dichtem Wald bedeckt war, sondern sich offene und geschlossene Bereiche abwechselten. Die Megaherbivoren (also die großen Pflanzenfresser) hätten somit bis zu ihrer teilweisen Ausrottung durch den Menschen ihren eigenen Lebensraum gestaltet. Später haben das der Theorie zufolge dann die Weidetiere des Menschen erledigt.

Aber zurück zum Nahrungserwerb: Außerhalb der Brunft besteht ein Rothirschtag aus Futtersuchen, Wiederkäuen und Ruhe – dieser Zyklus wiederholt sich täglich mehrfach in relativer Gleichmäßigkeit und zu gleichen Uhrzeiten. Allerdings sind diese Zeiten ermittelt worden, als das Rotwild noch nicht wieder durch den zurückkehrenden Wolf beunruhigt wurde. Ob sie also auch in Wolfsgebieten so gelten, muss noch erforscht werden.

Am Waldboden halten Pilze mit ihrer Zersetzungstätigkeit den Nährstoffkreislauf in Schwung.

Sozialverhalten – das Kahlwildrudel

Das Rotwild hält was von Familienbanden – das Leben im Rudel ist für die großen Hirsche Grundlage ihrer Existenz. Lediglich sehr alte Hirsche kommen ausnahmsweise ohne Begleitung aus, in aller Regel aber fügen sich die Hirsche zu Gruppen zusammen, in denen die einzelnen Individuen mehr oder minder miteinander verwandt sind. Und dabei halten sie eine strikte Geschlechtertrennung ein, wie sie im Tierreich nicht selten vorkommt. Man bleibt gerne unter sich, es sein denn, die Hormone drängen zur Paarung.

Weibliche Stücke leben in Kahlwildrudeln – »kahl« deshalb, weil ihr kahles Haupt kein Geweih trägt. Die Kahlwildrudel setzen sich meistens aus einzelnen Mutterfamilien zusammen, die wiederum aus Muttertier, Jährling und Kalb bestehen. Besonders weibliche Kälber entwickeln eine enge Bindung an ihre Mutter – sie werden zwar spätestens bei der Geburt des nächsten Kalbes abgeschlagen, also vertrieben, bleiben aber gerne in der Nähe der Mutter und schließen sich ihr und dem neuen Kalb später wieder an.

So entstehen in Kahlwildrudeln mitunter enge Familienbande, die sehr stabil sind. Auch sind die Rudel relativ standorttreu.

Geführt werden sie stets von einem Alttier, das – und das mag merkwürdig klingen – auf diese Führerschaft aber gar keinen Wert legt und nicht darum gekämpft hat. Stattdessen ordnen sich die übrigen Tiere freiwillig dem Verhalten des Leittieres unter – und das hat für sie einen handfesten Vorteil. Denn in aller Regel handelt es sich beim Leittier um ein altes, wenn nicht das älteste Rottier des Rudels, das aufgrund seiner Lebenserfahrung besonders aufmerksam sichert, besonders sensibel auf die Wahrnehmung von Gefahr durch andere Rudelmitglieder reagiert, am wenigsten unsicher ist und bei Gefahr am schnellsten eine Entscheidung trifft. Nämlich die Entscheidung, in welche Richtung es selbst mit seinem Kalb fliehen will. Alle anderen Tiere folgen diesem besonders aufmerksamen Tier freiwillig und haben so einen Vorteil im Überlebenskampf. Das führende Rottier kümmert sich dabei aber gar nicht um das Rudel, sondern es übernimmt lediglich die Verantwortung für sein eigenes Kalb und ist fürsorglich um dessen Sicherheit bemüht. Verliert das Leittier sein Kalb, ist es sofort auch die unfreiwillige Führungsrolle im Rudel los.

Wenn ein Kahlwildrudel flüchtet, setzt sich das führende Alttier immer an die Spitze des Verbandes, dicht gefolgt vom eigenen Kalb.

Männerrunde – das Hirschrudel

Auch die männlichen Hirsche leben mit Ausnahme der Brunftzeit das ganze Jahr über in Gruppen. Allerdings setzen die sich anders zusammen als die des Kahlwildes. Zwar kehrt auch der Junghirsch, wegen des einstängigen Geweihs inzwischen Schmalspießer genannt, nach Möglichkeit zur Mutter zurück, sobald diese im Frühsommer ihr neues Kalb gesetzt hat. Wenn er dann aber spätestens im dritten Lebensjahr die Bindung zur Mutter aufgibt, lebt der Junghirsch in einer Gruppe möglichst altersgleicher Genossen. Überwiegend junge oder überwiegend mittelalte Hirsche stehen da in mehr oder weniger großen Gruppen zusammen und teilen sich den Alltag. Erst ab einem Alter von etwa zehn Jahren werden diese Gruppen kleiner, die Hirsche leben nur noch mit zwei oder drei Genossen zusammen oder gleich ganz alleine.

In der Brunft löst sich das Rudel vollkommen auf und aus den Rudelgängern werden erbitterte Konkurrenten um den Rang als Platzhirsch oder Beihirsch. Bei Letzterem handelt es sich in der Regel um einen schwächeren und jüngeren Hirsch, der sich nicht nur während der Brunftzeit einem starken Hirsch anschließt und teilweise von diesem toleriert wird.

In der Zwischenzeit bestimmt neben dem Alter auch das Geweih die Rangordnung im Rudel. Je größer es ist, desto höher steigt der Hirsch auf. Allerdings werfen die älteren Hirsche im Februar als erste ihre Geweihe ab und sind dann den noch »Geweihten« unterlegen. Deshalb sondern sie sich nun kurzzeitig ein wenig ab, um Rangkämpfen aus dem Weg zu gehen. Zu Beginn der Brunft sind die alten Hirsche im Vorteil, weil ihre Geweihe schon früher ausgewachsen sind, als die der jüngeren Konkurrenten.

Eine Gruppe halbstarker Rothirsche zieht über eine Lichtung. Der vorderste, noch ein bei der Damenwelt chancenloser Spießer, nimmt Witterung – man kann ja nie wissen.

Ein Rotwildjahr

Das Jahr des Rothirsches folgt – soweit es Witterung und Umstände eines Jahres zulassen – stets einem festgelegten Ablauf.

Im ***November*** zieht sich das Rotwild in seine Einstände zurück und hat bis zum Dezember seinen Nahrungsbedarf stark eingeschränkt – unter anderem durch die Verkleinerung der inneren Organe. Erstaunlich: das Rotwild ist zu einem partiellen Winterschlaf in der Lage, bei dem die Extremitäten weniger durchblutet werden und die Körpertemperatur mit zunehmendem Abstand zum Körperkern auf bis zu 15 Grad Celsius stark absinkt. So spart der Hirsch Energie und muss weniger fressen. Diese Verhaltensweise zeigt er aber nur dann, wenn er in seiner winterlichen Ruhephase nicht ständig gestört wird.

Mitte ***Oktober*** haben die Hirsche alle weiblichen Stücke beschlagen – und im Liebesrausch bis zu 25 Prozent ihres Gewichtes verloren. Graues Winterfell ersetzt das rote Sommerkleid. Die Geschlechter gehen wieder getrennte Wege.

Im ***September*** ist der Rothirsch dann unüberhörbar: die Brunft beginnt, das große Röhren hallt durch Wald und Feldflur, nicht selten begleitet von erbitterten Kämpfen um die Damen des Kahlwildrudels.

Im ***August*** wandern die ersten Hirsche zu den Kahlwildrudeln und den Brunftplätzen. Die Kälber verlieren ihre Fleckfärbung.

Im ***Juli*** ist das Geweih der älteren Hirsche so weit verknöchert, dass der Bast absterben und abgefegt werden kann. Die Kahlwildrudel werden jetzt wieder aufgebaut.

Im ***Januar*** sparen die Tiere vornehmlich Energie und bewegen sich so wenig wie möglich. Hirsche können ihren Energieverbrauch um bis zu 30 Prozent senken und sich so dem geringen Nahrungsangebot anpassen.

Im ***Februar*** verlieren die ersten Hirsche ihr Geweih, ...

... im ***März*** werden die ersten grünen Knospen begierig gefressen. Die Alttiere befinden sich in der Mitte der Tragzeit.

Im ***April*** wachsen die neuen Geweihe heran, einige Junghirsche haben das alte Gehörn aber noch gar nicht abgeworfen.

Im ***Mai*** vertreiben die Alttiere die vorjährigen Kälber – die Geburt, also das Setzen des neuen Nachwuchses, steht jetzt kurz bevor.

Ende ***Mai***, Anfang ***Juni*** kommen die acht Kilogramm schweren Kälber zur Welt. Sie werden zehn Monate lang gesäugt. Die erwachsenen Tiere wechseln das Fell und werden nun wieder rot. Für die Hirsche beginnt die Feistzeit, sie müssen nun so viel fressen wie möglich, um Fettreserven für die Brunft anzulegen.

KÖNIG

OHNE REICH –
der Rothirsch

Der Rothirsch gilt als König des Waldes – zu Unrecht, wie wir bereits gesehen haben und noch weiter ausführen werden. Die Aussage steht symbolisch für ein weit verbreitetes Missverständnis, nämlich die Einschätzung dessen, was das eigentlich ist, diese Natur.

Kaum ein Wildtier eignet sich dabei besser als der Rothirsch, um zu zeigen, dass es ungestörte Natur, Wildnis ohne menschlichen Einfluss oder sogar Freiheit für Pflanze und Tier in Mitteleuropa schon längst nicht mehr gibt. Denn der Hirsch darf nicht sein, wo man ihn nicht will, er darf keinen Baum anknabbern, wo sein Vorkommen nicht ausdrücklich erlaubt ist. Er lebt insgesamt im Bestand ungefährdet, bleibt dabei aber unfrei. Und das, obwohl er einst ein Wanderer war zwischen verschiedenen Lebensräumen und eine Art Langstreckenzieher.

Zunächst sei ein Blick auf den modernen Menschen und seine Beziehung zur Wildnis gestattet – speziell ein Blick auf die Deutschen, denn über sie fertigt das Bundesamt für Naturschutz seit einigen Jahren regelmäßig eine Naturbewusstseinsstudie an. Die Untersuchung des Jahrgangs 2013 hat sich mit dem Wildnis-Begriff beschäftigt und aus ihr geht hervor, dass 44 Prozent der befragten Menschen beim Begriff »Wildnis« eher an Dschungel, Elefanten und Tarzan dachten, als an heimische Buchenwälder, Moore oder das Wattenmeer. Tatsächlich wissen auch nur 40 Prozent der Deutschen den Begriff »Biologische Vielfalt« korrekt zu erklären.

Der kurze Ausflug in die Statistik soll zeigen: das, was wir für Natur halten, ist es in der Regel nicht. Gerade unsere Wälder wären von Natur aus nur selten so gewachsen, wie sie sich heute präsentieren. Sie wurden schon vor Generationen in Ackerland verwandelt oder den Bedürfnissen der Forstwirtschaft angepasst. Heute dürfen nur noch das Wattenmeer, Teile der Alpen und die letzten unberührten Hochmoore als wahrhaft natürlich gelten.

Da verwundert es nicht, dass mit dem Rothirsch auch das lange Zeit größte Landsäugetier Deutschlands eher unfrei leben muss. Das gilt auch ansatzweise für Wisent und Elch, die den Rothirsch in jüngster Zeit in der Größenrangliste der Pflanzenfresse in Deutschland abgelöst haben. Die im 21. Jahrhundert im Rothaargebirge ausgesetzten Wisente, leben bislang in Freiheit. Sie werden aber wegen befürchteter Schäden für angrenzende Wälder zumindest gedanklich bereits wieder eingefangen und auf Gatter beschränkt. Und die wenigen Elche, die sich aus Osteuropa in die östlichen Bundesländer verirren, werden argwöhnisch beäugt – die Kontrolle über Wildes zu verlieren, scheint den Deutschen unangenehm.

Und so ist der Rothirsch im doppelten Sinn ein König ohne Reich. Erstens, weil er ursprünglich ein Tier des Halboffenlandes ist, das erst der Mensch in den Wald zurückdrängte. Und zweitens, weil er außerhalb festgelegter Rotwildgebiete sein Leben riskiert.

Das Steppentier Rothirsch hat den Wald zwar schon immer als Rückzugsraum genutzt. Offene Bereiche, natürliche Lichtungen oder Flussauen dürften ihm zur Nahrungsaufnahme aber lieber gewesen sein, als vergleichsweise äsungsarme Wälder. Man geht davon aus, dass Sommer- und Wintereinstand zum Teil weit auseinanderlagen, etwa in den Hochlagen der Alpen und im Alpenvorland, weshalb die Hirsche lange Wanderungen unternahmen; ein wenig so, wie es die großen Grasfresser Gnu oder Zebra in Afrika auch heute noch tun.

Auch die an anderer Stelle genannte Megaherbivorentheorie, nach der ja große Grasfresser für einen natürlichen Wechsel aus Wald und Offenland sorgten, ergäbe für den Rothirsch nachhaltig Sinn. Inzwischen gilt er als Leitart für den sogenannten Lebensraumverbund, also für die Vernetzung einzelner Habitate sowie für den Schutz oder die Wiedereinrichtung von Wanderkorridoren.

Dass die rund 200.000 deutschen Rothirsche heute dennoch weitgehend im Wald leben oder zumindest nur in bewaldeten Gebieten vorkommen, hat mit ihrer Geschichte zu tun. Über Jahrhunderte war die Hochwildjagd und damit die auf den Hirsch ein Privileg des Adels. Niemand sonst durfte sich am edlen Tier vergreifen, und das hatte Folgen.

Denn der Hirsch tat sich auch an den Feldfrüchten der Bauern gütlich und brachte sie nicht nur zur Weißglut, sondern trieb sie manchmal auch in den Hunger. Als nach der Revolution von 1848 neben dem Adel auch Bürger jagen durften, rotteten vor allem die Bauern den Rothirsch fast aus – nur in geschützten Wildgattern oder in den Wäldern des Adels überlebten sie.

Im 20. Jahrhundert wuchsen die Bestände wieder stark an. Flurschäden auf den Äckern nahmen wieder zu, und der Hirsch durfte fortan nur noch im Wald sein Dasein fristen. Allerdings schlugen nun auch die Waldbesitzer Alarm, denn der Hirsch fraß nun mangels Gras vermehrt Bäume an, oder die Sämlinge gleich ganz auf. Die Waldeigner fürchteten oftmals zu Recht um ihren Jungwuchs und um den Wald an sich – das Schlagwort »Wald vor Wild« sollte später die Runde machen, und die Bewegungsfreiheit der Hirsche wurde generell eingeschränkt. Vor allem in Süddeutschland gibt es bis heute in sechs Bundesländern (April 2015) regelrechte »No-go-Areas«, in denen Rothirsche nicht leben dürfen und erlegt werden müssen. Jäger, die in ihren Revieren dieser Anordnung nicht nachkommen, müssen mit Bußgeldern rechnen.

Die Angst vor Waldschäden hat in den 1950er Jahren zur Einführung dieser Rotwildbezirke geführt. Einige Bundesländer im Norden, so etwa Niedersachsen, haben sie in der jüngeren Vergangenheit abgeschafft. Die Deutsche Wildtierstiftung ist hier einer der Vorreiter, wenn es um die Forderung »Freiheit für das Rotwild« geht.

Mancherorts haben die Rotwildbezirke bizarre Folgen: So dürfen im Nationalpark Bayerischer Wald die Tiere zwar in den Hochlagen fressen, und das geht im Sommer auch sehr gut. Weil im Winter aber meterhoher Schnee den Zugang zur Nahrung versperrt, zogen die Hirsche früher in die Tallagen. Das hat man ihnen aber jagdrechtlich verboten, und damit die Tiere nicht verhungern oder im Bergwald die Rinde der Bäume schälen, werden sie im Winter in vier Gehegen eingegattert und wie Haustiere gefüttert.

Ein Schmalspießer. Erst im Sommer des zweiten Lebensjahres sind die Stirnzapfen deutlich erkennbar.

Neben der generellen großflächigen Beschränkung der Lebensräume hat es das Rotwild auch deshalb in den Wald verschlagen, weil es Störungen durch den Menschen nicht mag. Und die sind in unserer dicht besiedelten Landschaft allgegenwärtig – das Wild muss sich den Lebensraum schließlich mit dem Menschen teilen.

Außerdem sorgt der hohe Jagddruck mit rund 70.000 Rotwild-Abschüssen pro Jahr und vergleichsweise kurzen Schonzeiten dafür, dass die Tiere im Wald Schutz suchen und ihre Aktivitätsphasen weitgehend in die Nacht verlegen.

Beschränkung des Lebensraumes, starke, aber bisweilen ineffektive Bejagung und daraus folgender Rückzug in den Wald begünstigen eben jene Schäl- und Äsungsschäden, derentwegen der stolze Hirsch in seiner Freiheit beschränkt wurde. Eine Änderung der Jagdstrategie wird deshalb ebenso zunehmend diskutiert wie die Aufhebung der Rotwildbezirke gefordert.

Letztere sorgen schließlich dafür, dass es isolierte Populationen mit bereits heute eingeschränkter genetischer Ausstattung gibt. Manch ein Jagdgatter, so etwa im Solling, wurde deshalb inzwischen bereits geöffnet.

Rothirsche in der Lüneburger Heide – einem ihrer natürlichen Lebensräume. Der Platzhirsch sorgt dafür, dass sein Rudel beisammen bleibt und er treibt sie voran.

Halboffene Parklandschaften wie in der Lüneburger Heide am Totengrund bei Wilsede dürften ebenfalls zu den ursprünglichen Lebensräumen des Rotwildes gehört haben.

Ökologische Bedeutung wandernder Großtiere

Nur selten betrachtet man heute den Einfluss von Tierwanderungen auf Ökosysteme – kein Wunder, es gibt sie ja auch praktisch nicht mehr. Aber bekannt ist zum Beispiel die Rolle wandernder Tiere bei der Verbreitung von Kleintieren oder Pflanzensamen, die sich in Fell, Verdauungstrakt oder Hufen verfangen und nach kilometerweiter Wanderung im besten Fall – ausgestattet mit Startdünger – auf unberührten Boden fallen und so neue Populationen begründen. Spediteure der Artenvielfalt nennt die Deutsche Wildtierstiftung das Wild deshalb gerne. Auch äsen Hirsche unter natürlichen Bedingungen im Offenland und ziehen sich dann zum Wiederkäuen in den Wald zurück – wo sie auch bevorzugt abkoten und so den Wald mit Nährstoffen versorgen.

Früh am Morgen steht dem Hirschen der Atem vor dem Äser. Beim Forkeln am Boden bleibt das Gras im Geweih hängen.

Alttiere mit Kälbern suchen im lichten Buchenwald nach Futter. Nahezu alle vorkommenden Gräserarten bilden die Hauptnahrung für das Rotwild.

Und selbst der gefürchtete Verbiss und das Schälen von Bäumen führen nur selten zum Tod des Grüns, sondern sie sorgen eher dafür, dass die Bäume weit ausladend und etwas krüppelig wachsen. Für die moderne Forstwirtschaft sind diese Exemplare schwer oder kaum nutzbar – der Natur bieten sie aber später strukturreichen Unterschlupf für allerhand Arten. Letztlich ist die Artenvielfalt in halb offenen Landschaften oder strukturreichen Wäldern viel hoher als im Forst – erst recht, wenn man dichte Wirtschaftswälder betrachtet. Letztlich haben Forschungen in den Schweizer Alpen oder im polnischen Urwald Bialowieza gezeigt, dass in halbwegs intakten Ökosystemen Schalenwild keineswegs für das Ende des Jungwuchses sorgt. Vielmehr hat die Natur auch dafür erfolgreiche Gegenstrategien entwickelt.

Monokulturen im Wald werden so wie dieser Fichtenbestand zunehmend durch gezielten Unterbau zu stabilen Mischwäldern umgebaut.

An warmen Tagen geht das Rotwild gern ins Wasser und ist hier eine kurze Zeit sicher vor Mücken, Zecken und anderen Plagegeistern des Sommers. Bei dieser Gelegenheit wird den Kälbern das Schwimmen nahegebracht. Sie können das zwar von Geburt an, müssen jedoch zunächst die Scheu vor dem Unbekannten ablegen – die Mütter machen es ihnen vor.

Auf Truppenübungsplätzen weiß das Rotwild sehr genau, wann es seine Unterstände verlassen kann. Dann ist es auch tagsüber zu sehen. Zumeist im Gegensatz zu häufig von Menschen genutztem Agrarland – hier wagen sich die Tiere zumeist nur nachts ins Freie. Vor dem Schießbetrieb selbst zeigt das Wild keinerlei Angst und unterscheidet den Schuss einer Jagdwaffe genau von dem einer Militärwaffe.

Rotwild schafft, vergrößert oder erhält sich gerne Suhlen im Wald und auf Lichtungen – sie werden zu willkommenen Laichplätzen für Erdkröten oder Lebensraum für Libellen. Abgeworfene Geweihstangen werden von Nagetieren gefressen, das ausfallende Winterfell dient als Nistmaterial für Vögel.

Erstaunlich muten Beobachtungen am ehemaligen »eisernen Vorhang« zwischen Deutschland und Tschechien im Böhmerwald an: Dort wo jahrzehntelang Stacheldraht nicht nur Menschen den Wechsel ins Nachbarland unmöglich machte, sondern auch dem Rotwild, stoppen die Tiere bis heute an jener Grenzlinie, die schon längst nur noch imaginär vorhanden ist. Insgesamt 110 Tiere auf tschechischer und 210 Tiere auf deutscher Seite wurden für eine Studie mit Funkhalsbändern ausgestattet und sechs Jahre lang beobachtet. Dass die Tiere auch Jahrzehnte nach dem Fall des Eisernen Vorhangs die Grenzen genau einhalten, ist den Forschern zufolge auf das »Training« der Jungtiere durch ihre Mütter zurückzuführen.

Der Waldkauz schaut von oben auf den Lebensraum des Rotwildes.

Wolf und Hirsch

Seit der Rückkehr des Wolfes kommt man bei der Betrachtung des Rotwildes nicht ohne einen Blick auf den großen, alten Räuber aus. Denn während er 150 Jahre lang keine Rolle für das ökologische Gefüge spielte, weil es ihn schlicht in Deutschland nicht gab, so hat er inzwischen viele Bundesländer erobert und kommt mit mehreren Hundert Tieren wieder in Deutschland vor. Seine Lieblingsbeute ist neben dem Reh der Rothirsch – seine Rückkehr kann also nicht folgenlos bleiben.

Die Rückkehr des Wolfes sei deshalb an dieser Stelle kurz beleuchtet, und zwar keinesfalls nur deshalb, weil es sich bei ihm ebenfalls um einen großen Säuger handelt, dessen Bestand vom Menschen beobachtet wird. Vielmehr handelt es sich beim Wolf um den wichtigsten Fressfeind der Rothirsche und damit um ein Regulativ, das nun zurückkehrt. Das hat nicht nur Auswirkungen auf die Gefühlswelt der Menschen oder ihre Nutztiere (die der Wolf bei guter Gelegenheit auch ganz gerne frisst), sondern vor allem auch auf den Rothirsch, der bis vor kurzem ohne natürlichen Feind dastand.

Der Wolf ist im Gegensatz zum Hirsch gewissermaßen privilegiert, denn er darf streng geschützt leben, wo er möchte. Niemand darf ihn daran hindern, in ein Bundesland nach dem anderen zurückzukehren, und die Mehrheit der Bevölkerung will das glücklicherweise auch gar nicht. Ihnen ist Canis lupus willkommen – zunächst als Ausdruck von vermeintlicher Wildheit und Naturromantik. Und kommt jemand auf die Idee, wolfsfreie Zonen zu fordern, zum Beispiel, weil an der norddeutschen Küste die Deichschäfer ihre Tiere nicht vor ihm schützen können, erleben wir einen Aufschrei der Wolfsfreunde. Beim Rothirsch sind diese No-go-Areas aber üblich, auch wenn dadurch ihr natürliches Wanderverhalten ebenso unterbunden wird wie genetischer Austausch.

Die Rückkehr des Wolfes ist vor allem wegen seiner Rolle im Ökosystem interessant, denn er war über Jahrhunderttausende die letzte Instanz, wenn es darum ging, schwache Beutetiere auszumerzen. Was brutal klingt hat eine überragende Bedeutung: durch das Töten schwächerer oder kranker Tiere bleiben Beutetierbestände gesund und entwickeln sich über die Zeit evolutionär weiter – sie entwickeln Gegenstrategien gegen Fressfeinde. Ohne den Wolf fehlt dieses Korrektiv – menschliche Jäger erledigen diese Aufgabe nur unzureichend.

Dass die Bestände beider Tierarten in ungestörten Populationen interagieren, ist also bekannt. Der Wolf orientiert sich – zumindest in den Lehrbüchern – bei der eigenen Populationsdichte am Beuteangebot, der Rothirsch wird von ihm also effektiv bejagt – was natürlich Folgen für die bisher praktizierte sogenannte Rotwildhege hätte, also die Kontrolle und Förderung des Hirschbestandes durch menschliche Jäger. Ausgerottet hat der Wolf seine Beute dennoch nie – und so wird es auch in Zukunft bleiben.

Es gibt ein Beispiel aus den USA dafür, wie die Natur auf die Rückkehr der Wölfe reagiert. Im Yellowstone-Nationalpark waren Mitte der 1990er Jahre Wölfe nach vielen Jahrzehnten der Ausrottung wieder angesiedelt worden. Die Idee: Der offensichtlich zu hohe Bestand an Wapitis, dem nordamerikanischen Rothirsch, hatte die Waldverjüngung zum Erliegen gebracht. Tatsächlich veränderte sich das Vegetationsbild bald zum Positiven, der Bestand der Wapitis schrumpfte zeitweise auf die Hälfte. Neuere Untersuchungen sehen allerdings nicht nur den Wolf als Retter der Bäume.

So zeigt auch die Zahl der von Menschenhand erlegten Rothirsche in einigen der ostdeutschen Bundesländer, in denen schon seit mehr als 15 Jahren Wölfe leben, keinen Bestandseinbruch.

Zum Teil stiegen die Jagdstrecken sogar. Das widerspricht gängigen Thesen und ist vielleicht ein Beleg dafür, dass die Natur eben nicht mehr ungestört vor sich hin agieren kann. Vielmehr ist das Zusammenspiel von Räuber-Beute-Beziehung, Vergrößerung des Nahrungsangebotes für Wildtiere durch die Landwirtschaft und sonstigen Einflüssen auf Populationsgrößen wohl zu komplex für einfache Schlussfolgerungen.

Dennoch sollte für das Rotwild Recht sein, was für den Wolf billig ist: Bewegungsfreiheit. Dann haben beide Tierarten wieder die Chance, ihre natürlichen Verhaltensweisen zu zeigen. Und das in einer Umwelt, die zwar nicht der Wildnis Afrikas gleicht, aber unserer eigenen ursprünglichen Wildnis dann tatsächlich wieder ein Stück näher gekommen wäre.

Verkannter König:

Hirschbrunft

Unauffällig und still zieht der Rothirsch im Jahreslauf seiner Wege, aufmerksam, wachsam, schwer zu fassen. Aber dann besiegt der Trieb das Gebot der Heimlichkeit und er entlädt sich in wochenlangem Röhren, in unstetem Werben um die Weiblichkeit, in Kräfte zehrender Unruhe und in Kämpfen mit den Nebenbuhlern: Wenn im Herbst die Tage kürzer werden und die Temperaturen fallen, hält die Hirschbrunft Einzug und macht aus dem scheuen Waldbewohner einen auffälligen Schreihals. Aus stillen Waldlichtungen wird eine Kampfarena, Geweih prallt auf Geweih, aber nur ganz selten fließt Blut.

Ein Brunfthirsch im Troll (links) will seinen Nebenbuhler beeindrucken. Der Hirsch oben nähert sich unmissverständlich einem weiblichen Stück aus seinem Rudel an.

Jede Menge Testosteron ist im Spiel, wenn der Platzhirsch seinen Rang verteidigt, und jüngere Rivalen versuchen, statt seiner beim Kahlwild zu landen und ihre Gene in die Zukunft zu tragen. Schon ein paar Wochen zuvor hat die Änderung des Hormonhaushaltes den Hirschen die Muskeln anschwellen und das Haar am Hals zur Mähne anwachsen lassen: je imposanter, desto attraktiver. Das Kahlwild schließt von den äußeren auf die inneren Werte – starke Hirsche versprechen gesunden Nachwuchs.

Streitigkeiten werden mit den Vorderhufen ausgetragen.

Der Ort des Geschehens ist dabei einer mit Tradition: Rotwild nutzt seine Brunftarena oftmals über Jahre und Jahrzehnte, und deshalb ist es in einigen Gegenden auch recht einfach, ihnen dabei zuzusehen.

In der Hooge Veluwe in den Niederlanden etwa hat sich das Beobachten der Hirsche zur Brunftzeit Ende September zu einer Art Volkssport entwickelt. Denn die rund 200 Tiere des Nationalparks folgen nicht nur einer inneren Uhr, sondern auch alten Pfaden, und so sind sie, unterstützt durch schmackhafte Äpfel, mit großer Zuverlässigkeit zwischen Heidekraut und Kiefernwald beim Fortpflanzungsgeschäft zu sehen. Dutzende, wenn nicht Hunderte Naturfreunde und Fotografen nutzen diese Möglichkeit mit dem endenden Spätsommer und beginnenden Herbst Tag für Tag.

So gesehen, wirkt der einstige König der Wälder nicht mehr ganz so majestätisch und dieses Bild ist durchaus symptomatisch zumindest für einen Teil des europäischen Rotwildes: es könnte freier leben, wenn man es ließe. Denn seine Bestände werden gemanagt, gezählt und kontrolliert. Viele, so auch der in der Hooge Veluwe, verdanken ihre Existenz der Jagdfreude von Großgrundbesitzern. Zu Beginn des 20. Jahrhunderts hatte das Industriellenehepaar Anton und Helene Kröller-Müller den Park gegründet, um Natur und Kultur zum Wohle der Öffentlichkeit zusammenzuführen. Mufflons, Rothirsche und Wildschweine wurden in ein riesiges Gatter entlassen und leben dort bis heute, ganz in der Nähe eines Museums für den Maler Vincent van Gogh, den das Ehepaar ebenso verehrte wie die Hirsche.

Die Vorgeschichte mit ihrem großen Wildgatter erklärt die relative Einfachheit, dem munteren Brunfttreiben zuzusehen. Letztere aber kann die Faszination, die gerade jetzt von den edlen Tieren ausgeht, nicht schmälern. Sie gilt wohl auch für andere Gebiete Mitteleuropas, in denen die Hirsche ohne Zaun frei vor sich hin leben – denn in der Brunftzeit sind sie stets leicht zu finden.

Frühmorgens oder abends kurz vor der Dämmerung, wenn die Hirsche ihren Brunftplatz betreten, ist es manchmal schon recht kalt. In Mitteleuropa dauert die Hauptbrunft drei Wochen, sie kann sich aber durch Vor- und Nachbrunft auf bis zu sechs Wochen ausdehnen. Zwischen dem 10. September und dem 5. Oktober fällt die Hauptaktivität der Hirsche – noch. Es mag sein, dass der Klimawandel diese Zeiten auf Dauer zu verschieben vermag.

Jedenfalls wird es im Laufe der Brunft zumindest nachts schon mal recht kalt. Aber die sinkenden Temperaturen sind nicht Auslöser des wohligen Schauers, der vielen Beobachtern vor allem beim Anblick der prächtigen Platzhirsche über den Rücken läuft.

Es sind Kraft, Anmut und Energie, die hier zur Schau gestellt werden. 200 Kilogramm und mehr werfen die Hirsche in ihrer Arena in den Ring, sie brüllen, rufen, sabbern, schwitzen, springen und kämpfen, als gäbe es kein Morgen. Zugegeben: Mit menschlichem Maßstab gemessen, erscheint das Fortpflanzungsgebaren der Hirsche als recht anstrengend. Denn der Gewinner bekommt immer fast alle Damen aus dem sogenannten Kahlwildrudel, in dem sich Alttiere und der Vorjahresnachwuchs zusammentun. Nur der Sieger aller Kämpfe erhält dutzendfach die Chance, seine eigenen Gene weiterzugeben. Die in den Kämpfen unterlegenen Hirsche gehen meistens leer aus. Jahrelang kann deshalb ein einzelner Hirsch sein Rudel genetisch dominieren, allerdings nur, wenn er sich immer wieder, Herbst für Herbst, gegen seine Konkurrenten durchsetzt. So hat es die Natur für die Hirsche vorgesehen – der Stärkste soll seine Gene so oft wie möglich weitergeben und so den Erhalt der Art sichern.

Der Platzhirsch muss nicht nur Konkurrenten wegbrüllen und im Kommentkampf stellen, in dem es mehr ums Paradieren und Beeindrucken geht, als ums das Verletzen. Sondern er muss dann, wenn das Bluffen nichts bringt, letztendlich auch im verletzungsanfälligen Nahkampf gegen seine Gegner antreten. Zusätzlich gilt es, auch alle Alttiere beisammenzuhalten, denn nicht selten verlässt das eine oder andere die Arena, um sich einem anderen Rudel anzuschließen oder einfach auf einen zweiten männlichen Hoffnungsträger zu setzen.

Eine Geste der Annäherung zwischen zwei Tieren, die sich gut kennen. Der junge Beihirsch ist nicht der Platzhirsch.

Vielleicht deshalb zieht es die Rudel im Herbst zur Brunft immer wieder auf die schönsten offenen Lichtungen, die der Wald zu bieten hat. Hier ist Platz zum Schwungholen für den nächsten Kampf oder für einen kurzen Überblick über die Möglichkeit, einem Kampf auch mal aus dem Wege zu gehen. Der Wald im Hintergrund bietet dabei den besten Resonanzkörper für das Röhren der Kolosse.

Raue Bässe lassen dann die Luft vibrieren, die Hirsche röhren, orgeln und schreien sich die Seele aus dem Leib, nur um zu sagen: ich bin der Stärkste. Die Sonne geht immer früher unter in diesen Herbsttagen, und wenn die Nächte kälter werden, regt sich der Rothirsch am liebsten. Warme Brunftnächte bleiben weitgehend ruhig – den großen Tieren ist es wohl zu anstrengend, wenn der Sommer nicht weichen will.

Der dominierende Platzhirsch kommt nun nicht mehr zur Ruhe – er muss Witterung aufnehmen und den kurzen Zeitpunkt abpassen, in dem ein Alttier empfängnisbereit ist. Nur zwei oder drei Eisprünge pro Brunft hat ein Tier, jeweils nur ein oder zwei Tage lang ist es dann fruchtbar. Es zeigt das unter anderem durch den angehobenen Schwanz = Wedel an. Vor allem aber kann der Hirsch anhand von Sexualduftstoffen, den Pheromonen, riechen, ob sich ein Kräfte zehrender Deckakt lohnt.

Der Platzhirsch nimmt die Duftstoffe durch das Flehmen wahr – er zieht dafür die Oberlippe hoch und saugt die Umgebungsluft über das sogenannte Jacobson-Organ. Diese besondere Entwicklung des Riechkolbens besitzen nicht nur Rothirsche, sondern zum Beispiel auch Schafe, Gämsen oder Elefanten. Sie alle nutzen das Riechorgan vor allem zur Paarungszeit. Ist ein Alttier also für kurze Zeit fruchtbar, sind Schnelligkeit und Ausdauer gefragt – jedenfalls für die Hirsche. Die Alttiere, von den Jägern nur einfach Tiere oder Stücke genannt, können sich schließlich den stärksten Partner als Vater für ihre Kälber aussuchen. Sie müssen nicht kämpfen.

Der Platzhirsch umrundet sein Rudel und röhrt dabei immer wieder ausdauernd.

Der Hirsch forkelt mit dem Geweih den Boden, bildet eine Brunftkuhle und uriniert gegen seine Bauchdecke sowie in die »Brunftkuhle«, in die er sich dann setzt und so zusätzlich »parfümiert«. Für die Damenwelt macht ihn das unwiderstehlich.

Bis zum Beginn der Brunft bildeten Geweihträger und Kahlwild getrennte Rudel, aber jetzt, da es um die eigene Fortpflanzung geht, werden zumindest bei den Hirschen aus Gefährten Konkurrenten. Die älteren Tiere melden ihre Ansprüche an und geraten auch als erste aus der eigenen Gruppe in Paarungsstimmung.

Treffen zwei kapitale Exemplare aufeinander, dauert es eine Weile, bis sie sich mit dem Geweih vor- und zurückschieben und mit acht oder zehn Enden, manchmal auch mehr, gegeneinander scheppern. Denn die Kontaktaufnahme erfolgt meistens außer Sichtweite mit besonders dröhnend intonierten Brunftschreien, die beiden Gegnern mitteilen: hier wartet ein Konkurrent. Erst wenn sich die Geweihträger angenähert und beiderseits zum Kampf entschlossen haben, messen sie ihre Kräfte, stolzieren, röhren – und die Damenwelt schaut meistens gar nicht hin. So jedenfalls sieht es oft aus, wenn die Alttiere in aller Ruhe weitergrasen, ohne die Köpfe zu heben. Aber sie nehmen durchaus wahr, welcher der Hirsche die Nase vorn hat.

Über die Witterung stellt der Hirsch fest, ob ein Tier paarungsbereit ist.

Und die Lautäußerungen der Hirsche während der Brunft bestehen übrigens aus deutlich mehr als nur dem Brunftschrei. Schreien, Röhren, Orgeln, Knören, Melden, Trenzen und ein Sprenglaut lassen sich unterscheiden. An den verschiedenen Lauten kann man dann durchaus die Situation und das aktuelle Verhalten deuten.

Bei jungen Hirschen nennt man das spielerische Geweihschieben »Scherzen«.

Die Kämpfe der Hirsche sind dabei nicht auf das Verletzen oder den Tod des Gegners angelegt – das wäre für die Arterhaltung auf Dauer nicht gut. Aber wenn sich zwei mächtige Geweihe unglücklich ineinander verhaken und nicht mehr lösen lassen, werden die beiden Rivalen manchmal doch zu Partnern im Tod – beide Tiere verhungern. Rund fünf Prozent der Hirsche sollen in Deutschland Jahr für Jahr als Folge der Brunftkämpfe sterben.

Meistens sind die Platzhirsche aber allein durch ihr Imponiergehabe in der Lage, einen Rivalen vom Kahlwildrudel fernzuhalten. Mit intensiven Rufduellen beginnt die Auseinandersetzung, immer lauter und schneller, immer hektischer röhren die Hirsche einander an. Kommen sie in Sichtweite, starten die Tiere nicht selten ein Parallelgehen, sie zeigen sich also die Breitseite und hoffen, den Rivalen damit abzuschrecken.

Bei kapitalen Exemplaren wird es dann ernst.

Wenn auch das nichts nützt, werfen sie sich zeitgleich herum und schlagen die Geweihe gegen- und ineinander. Dabei geht dem eigentlichen Kampf fast immer eine einheitliche Vierteldrehung der Hirsche voraus – eine Art Signal, dass es jetzt ernst wird, und zugleich eine Lebensversicherung, weil die Geweihe nun frontal aufeinanderprallen und die Hirsche sich nicht so schnell verletzen.

Der Kampf selbst ähnelt dabei ein wenig dem menschlichen Tauziehen – nur mit umgekehrten Vorzeichen. Die Hirsche schieben sich gegenseitig durch die Brunftarena, und der Stärkere gewinnt.

Der Unterlegene wirft sich herum und flüchtet, der Sieger stößt den sogenannten Sprengruf aus, den Ruf des Verjagens.

Auch wenn die Kommentkämpfe nicht auf die Verletzung des Gegners ausgerichtet sind, tragen doch die meisten Platzhirsche im Laufe der Brunft Verletzungen davon, etwa abgebrochene Geweihstangen oder Augenschrammen.

Dennoch ist der Kampf auch für die Hirsche meistens nur das letzte Mittel: wenn sie eine körperliche Auseinandersetzung vermeiden können, tun sie das nicht selten. Dann reichen Optik und Intonierungsmacht des Gegners aus, um die Fronten zu klären.

Das Geweih dient während der Brunft nicht nur dem Kampf, sondern auch der Verteilung von Duftsignalen, die beim »Nasentier« Rothirsch für die Kommunikation besonders wichtig sind. Der Hirsch verfügt in der Nähe des »Brunftrute« genannten Penis an der Bauchunterseite über den sogenannten Brunftfleck. Er entsteht durch wiederholtes Urinieren gegen die Bauchdecke und erhält dadurch einen intensiven Geruch.

Körpersekrete werden über das Geweih im Revier verteilt und nützen vermutlich der Markierung, aber auch der Kommunikation. Auch an den Lichtern und an den Hufen produzieren Hirsche Sekrete, und zur Brunftzeit legen die Tiere durch Scharren oder Forkeln mit dem Geweih kleine Brunftkuhlen an, in die sie urinieren, um sich dann darin mit diesem ganz speziellen Geruch zu parfümieren.

Ein Gefechtsplatz im doppelten Sinne: Auf dem Truppenübungsplatz Munster nutzen zwei Hirsche die Kulisse eines als Übungsziel aufgestellten Panzers für ihre Rangkämpfe. Kolkraben beobachten die Szenerie.

Das Beschlagen ist ein anstrengender Vorgang. Kein Wunder, dass die Platzhirsche dabei gehörig abmagern.

Selten dokumentiert: Das weibliche Stück signalisiert dem Platzhirsch, dass sie genau jetzt paarungsbereit ist.

Nach der Paarungszeit sind die Hirsche abgebrunftet, wie der Waidmann sagt. Sie haben bis zu 30 Kilogramm Gewicht verloren und müssen nun zusehen, dass sie bis zum Winter wieder auf ein einigermaßen gutes Gewicht kommen. Und wenn sie dann bei Frost und Schnee wie in Trance die letzten kärglichen Futterreste am Boden hervorscharren, erinnert nichts mehr an die gewaltige Energie, mit der sie noch vor wenigen Wochen um die Gunst der Alttiere und um die Weitergabe der eigenen Gene gekämpft haben. Das rote Sommerfell, das den Tieren ihren Namen gab, ist nun einem graubraunen Winterhaar gewichen.

Die Brunft der Hirsche ist eines der eindrucksvollsten Schauspiele, die die heimische Natur überhaupt und speziell im Herbst bietet. In diesem Fall ist sie nicht Erntezeit, sondern der Beginn neuen Lebens.

Die ersten kalten Nächte lösen das Brunftgeschehen aus.

Die Bindung zwischen Alttier und Kalb ist besonders eng. Kälber bedürfen in ihrem ersten Lebensjahr dringend dieser Führung – ansonsten verkümmern sie.

Der Hirsch, der sich im Wasser sieht

Ein Hirsch bewunderte sein prächtiges Geweih'
Im Spiegel einer klaren Quelle.
»Wie prächtig! auf derselben Stelle,
Wo Königskronen stehn, und wie so stolz, so frei.
Auch ist mein ganzer Leib vollkommen, nur allein
Die Beine nicht, die sollten stärker seyn!«

Und als er sie besieht, mit ernstlichem Gesicht,
Hört er im nahen Busch ein Jägerhorn erschallen,
Sieht eine Jagd von dem Gebirge fallen,
Erschrickt und flieht! Nun aber hilft ihm nicht
Das prächtige Geweih', dem nahen Tod entfliehn,
Nicht sein vollkommner Leib, die Beine retten ihn!
Die reißen, wie ein Pfeil, die prächtige Gestalt
Mit sich durchs weite Feld, und fliehen in den
Wald!

Hier aber halten ihn, im vogelschnellen Lauf,
An starken Zweigen oft die vierzehn Enden auf.
Er reißt sich los, er flucht darauf;
Lobt seine Beine nun, und lernet noch im Fliehn,
Das Nützliche dem Schönen vorzuziehn.

Johann Wilhelm Ludwig Gleim (1719–1803)

DER ROTHIRSCH und die Jagd

Aufbruch zur Jagd.

Seit wann der Mensch den Rothirschen jagt, weiß man nicht so genau. Sicher ist: Seit Urzeiten. Denn wer Jahrtausende lang erfolgreich Giganten wie dem Mammut nachstellt, dürfte sich auch mit dem stattlichen, aber durchaus viel kleineren Rotwild gut arrangiert haben.

Indizien und Beweise dafür gibt es reichlich – etwa Höhlenmalereien, die mehrere zehntausend Jahre alt sind und Hirsche als Jagdbeute oder einfach als Mitgeschöpfe zeigen. Außerdem hat auch Gletschermann Ötzi vor 5000 Jahren zum Zeitpunkt seines gewaltsamen Ablebens nachweislich Rotwildfleisch verdaut. Eine Genanalyse seiner Innereien ermöglichte diesen spektakulären Befund auch nach so langer Zeit. Wissenschaftler halten es sogar für möglich, dass der Alpenjäger wegen seiner Beute zum Mordopfer geworden sein könnte – Nahrung gab es schließlich damals nicht im Supermarkt, und das Leben war hart.

Der Hirsch bot also Fleisch in frischer und getrockneter Form, dazu Felle und Leder für Behausung und Bekleidung. Auch in der Medizin fanden Teile des Tieres Anwendung. Die Jagd mit Speer oder Pfeil und Bogen war dabei ungleich schwieriger, herausfordernder und gefährlicher als heute, wo Geländewagen und Präzisionswaffen zur Verfügung stehen.

Als Fleischspeise hat man Hirsche bereits in den steinzeitlichen Pfahlbauten der Schweiz nachgewiesen, ebenso in altbayerischen Gräbern, während der Bronzezeit in Dänemark und der

Laténezeit von 450 vor Christus bis zu Christi Geburt in Brandenburg. Gesottenes und geräuchertes Hirschfleisch erwähnt der griechische Arzt Anthimus dann um 500 nach Christus: »Hirschfleisch wird gesotten und gedämpft gegessen. Gebraten ist es nur von einem jungen Hirsch gut, denn wenn es von einem alten Tier stammt, ist es ziemlich schwer verdaulich.«

Die Jagd auf Rotwild ist also sehr alt, aber sie war stetigem Wandel unterlegen. Anlass für Streit bot vor allem die Frage, wer das Recht hatte, die edlen Tiere zu erlegen. Während im Römischen Reich noch jedermann zur Waffe greifen durfte, sicherte sich im Mittelalter der Adel dieses Recht exklusiv. Um 1500 entstand das »Jagdregal« genannte Jagdrecht, das sämtliches Getier Landesfürsten und auch so manchem Kirchenmann vorbehielt. Der Adel schuf Bannwälder, in denen er sich sämtliche Eigentums- und Nutzungsrechte sicherte, und die Jagd auf das Rotwild wurde fortan zur angeblichen »Krone des Waidwerks«, ihren herrschaftlichen Jägern entsprechend.

Später durften die Untergebenen selbst auf ihren eigenen Äckern nicht mehr jagen und mussten sämtliche Flurschäden durch das Wild hinnehmen: Rot- und Schwarzwild dürften so manchen Getreideschlag oder die Rübenernte geplündert haben. In Zeiten des Mangels muss das den Hass auf das Wild und auf den Adel gleichermaßen geschürt haben. Auf Wilderei stand bisweilen sogar die Todesstrafe.

Selbst für die im Mittelalter eingeführte Unterscheidung von Hoch- und Niederwild taugte dieses Unrechtssystem: als Hochwild bezeichnete man nicht etwa alle hochbeinigen oder großen Tiere, sondern einfach jenes Wild, das bei der Jagd besonders geschätzt wurde und das deshalb dem Adel vorbehalten war. Dazu zählten sämtliches Schalenwild mit Ausnahme der Rehe, und je nach Region auch Adler, Auerhahn oder Kranich.

Mit Hannoverschen Schweißhunden geht es zur Nachsuche – ein angeschossenes Stück soll mit Hilfe ihrer Spürnasen verfolgt und gefunden werden.

Eine ebenfalls kapitale Jagdbeute ist der Damhirsch. Er teilt sich bisweilen den Lebensraum mit dem deutlich größeren Rothirsch und wurde in Deutschland gezielt als Jagdbeute angesiedelt.

Der Nachsuchenhund ist sicher auf der sogenannten Wundfährte. Mit gespannter Leine geht es durchs Dickicht und über Schneisen.

Die Unterdrückung des gemeinen Volkes selbst bei der Jagd dauerte Jahrhunderte und endete bei uns erst mit der deutschen Revolution im Jahr 1848. Die Jagd wurde nun freigegeben und endete im zügellosen Chaos: den verhassten Rothirsch rottete das Volk großflächig aus. Er überlebte vor allem in jenen Besitztümern, die dem Adel geblieben waren: in eigenen Wäldern, die zum Teil mit Jagdgattern umgeben wurden.

Im 20. Jahrhundert stieg das Bewusstsein für den Wert der Hirsche wieder an, sie erhielten Schonzeiten und werden seitdem von der Jägerschaft gehegt – ihr Bestand wird also in vielen Revieren aktiv gemanagt, dabei spielen Wilddichte und Geschlechterverhältnis eine Rolle. Winterliche Fütterung und somit Wegfall der natürlichen Auslese waren dabei lange Zeit selbstverständlich inbegriffen und sorgten wiederum für teilweise viel zu große Rotwildbestände, jedenfalls auf den zur Verfügung stehenden Lebensraum bezogen.

Außerdem fehlen bis heute, wie wir bereits gesehen haben, Verbindungskorridore zwischen einzelnen Inselpopulationen – mit ersten Auswirkungen auf die Genetik der Bestände.

Ein Jagdschloss für den Herrn

Als ein glamouröses Beispiel feudaler Jagdfreude sei hier über das Jagdschloss Clemeswerth berichtet, das Kurfürst Clemens August I. 1737 bis 1747 im nordwestdeutschen Sögel errichten ließ und fortan regelmäßig aufsuchte. Sögel liegt zentral in einer Hümmling genannten Grundmoränenlandschaft des norddeutschen Tieflandes im heutigen Emsland. Im 18. Jahrhundert wechselten sich hier Wälder, Moore und Heidegebiete ab – eine ideale Heimat für den Rothirsch. Die Gegend hatte wegen ihrer Armut einen schlechten Ruf, aber der bayerische Kurfürst lernte diesen äußersten Teil seines Herrschaftsgebietes wegen des Wildreichtums sehr bald so sehr schätzen, dass er vom renommierten Architekten Johann Conrad Schlaun ein prunkvolles Barockschloss errichten ließ, das allein dem Zwecke der Jagd dienen sollte.

Der Pavillon »Hildesheim« gehört zum Jagdschloss Clemenswerth im Emsland. Ihn hatte Kurfürst Clemens August eigens für Jagdgäste einrichten lassen.

Die Anlage ist achteckig aufgebaut und besteht aus einem mittleren Hauptschloss und acht umliegenden Nebengebäuden. Allerorten haben Künstler die Jagdbeute ihres Auftraggebers in Gemälden oder Figuren und Deckenmalereien in Szene gesetzt, ein Marstall bot Platz für bis zu 100 edle Jagdpferde. Der Kurfürst kam zwischen 1720 und 1757 ein gutes Dutzend Mal ins Emsland, gerne ab Bartholomei (24. August), wenn die Jagd auf den starken, kurz vor der Brunft stehenden Feisthirsch begann. Ein Aufenthalt im Jahr 1742 erbrachte an 28 Jagdtagen 25 Hirsche, vier Hirschkälber und vier Sauen. Insgesamt lebten in dem Gebiet rund 150 Stücke Rotwild.

Sie waren allein dem hohen Herrn vorbehalten. Wer wilderte und dabei erwischt wurde, erhielt in anderen Gegenden des Clemens August´schen Reiches Strafen wie Eselreiten, Spießrutenlaufen oder er musste an den Pranger, wo der Delinquent mit einem Hasenfell behängt und angekettet wurde. Auf dem Hümmling kam man dagegen »nur« solange ins Gefängnis bei Wasser und Brot, bis man zehn Reichstaler zahlte. Allerdings wurden Büchse und Horn abgenommen und die Jagdhunde erschossen. Verlesen wurden derartige Anordnungen praktischerweise von der Kirchenkanzel.

Und diese Strafen waren beileibe moderat zu nennen: 1537 hatte zum Beispiel der Erzbischof von Salzburg einen Wilderer in die Decke des vom ihm erlegten Hirsches einnähen und von Jagdhunden zerfleischen lassen.

Neben strengen Strafen für Wilderer ordnete der Kurfürst im Emsland auch die Hege des Wildes an: in mehreren Wintern ließ er Ackerbohnen aus dem gut 100 Kilometer entfernten Emden heranfahren, mit denen das Wild gefüttert wurde. Später kamen Hafer, Heu und Salz hinzu.

Die Jagd selbst überließen die Untertanen des Bischofs derweil nicht dem Zufall: planmäßig angelegte Wege durch die Wälder ermöglichten gemeinsam mit dem Aufstellen von Lappenzäunen das Treiben der Tiere in einen Jagdkessel. Dort schuf man Öffnungen für schwächeres Wild oder Jungtiere, jagdreife Stücke wurden an Ort und Stelle erlegt. Auch die Parforcejagd mit Hunden und Pferden, bei der einzelne Hirsche gehetzt und gestellt wurden, betrieb der Bischof leidenschaftlich gern.

Das gilt wohl für die meisten Fürsten des Mittelalters, ihre Jagdstrecken waren beachtlich. So erlegte Herzog Johann Georg I, Kurfürst von Sachsen, während seiner 44-jährigen Regierungszeit von 1611 bis 1655 angeblich genau 116.106 Stück Wild, darunter rund 40.000 Stück Rotwild.

Den Bauern wurde verboten, ihre Felder mit Zäunen zu schützen, und sie mussten selbstverständlich als Treiber für die Jagd zur Verfügung stehen und die hochherrschaftlichen Jäger und deren Pferde versorgen.

Eine wesentliche Folge der Jagdleidenschaft für das Rotwild: Das Landvolk hungerte in vielen Teilen Europas, während es dem Rothirsch offensichtlich blendend ging. Die französische Revolution beendete in Frankreich im Jahr 1789 den Absolutismus, in Deutschland dauerte das bis 1848. Von nun an durften die Bauern Rot- und Schwarzwild selbst erlegen und brachten sie, wie angedeutet, an den Rand der Ausrottung.

Rotwildjagd heute

Aber die Bestände erholten sich dank der umsichtiger werdenden Jäger und dank gesetzlich vorgeschriebener Schonzeiten. Das Rotwild als Jagdbeute des Menschen blieb bis heute ein Faszinosum, und so sind unzählige Bücher darüber geschrieben worden. Sie füllen viele Regalmeter in den Bibliotheken, und deshalb sei an dieser Stelle für eine sehr intensive Beschäftigung mit der Jagd, den Jagdtechniken oder für Geschichten von besonders geschichtsträchtigen Einzeltieren auf entsprechende Literatur verwiesen.

Heute beobachten die unteren Jagdbehörden der Landkreise in der Regel genau, wie viel Rotwild sich in ihren Revieren tummelt und ob der Bestand als verträglich einzustufen ist. Aus Populationsgröße und Reproduktionsrate werden Abschussquoten ermittelt, die die Jagdpächter erfüllen müssen. So soll ein Gleichgewicht zwischen Wild und Wald erhalten bleiben, und das klappt mal mehr und mal weniger gut. Dabei gelten strenge Regeln, wie ein Hirsch zu erlegen ist – zum Beispiel darf das nicht nachts geschehen, weil die Tiere vom Jäger nicht sicher anzusprechen sind. Kälber führende Rottiere sind tabu, ebenso hoch flüchtige Tiere in einer Gruppe, weil auch hier nicht klar wäre, was genau erlegt würde und vor allem, ob man den Schuss überhaupt sauber antragen und dem Tier Leid ersparen könnte.

Dem oftmals und auch zu Recht gescholtenen Trophäenkult zum Trotz: Die Einstellung zur Jagd hat sich über die Jahrzehnte verändert, und das ökologische Verständnis für den Erhalt oder den Wiederaufbau möglichst natürlicher Kreisläufe ist auch im Rotwildrevier gewachsen. Von wilder Ballerei aus reiner Tötungslust kann keine Rede sein, vielmehr macht der meistens respektvolle und damit waidgerechte Umgang mit den Wildtieren ihre effektive Bejagung manchmal sogar recht schwierig.

Die Jagd steht deshalb auch nicht im Widerspruch zu ökologischem Handeln, denn sie liefert bestes Wildbret, das als hochwertiges Lebensmittel zur Verfügung steht, ohne dass der Mensch dafür landwirtschaftlich tätig werden müsste. Und ohne ein natürliches Räuber-Beute-Verhältnis dürfte die Arbeit der Jäger zur Verhinderung von Wildschäden, wenn nicht sogar zwingend notwendig, so doch unschädlich für die Bestände bleiben und Nutzen erbringen.

Herausforderungen gibt es dabei viele. Der Bestand eines Rotwildreviers müsste sich zum Beispiel am Futterangebot orientieren, damit Äsungsschäden sowohl im Wald als auch auf den Äckern vermieden werden. Der Jäger müsste dafür allerdings meistens mehr Tiere erlegen, als ihm vor die Büchse laufen, denn das Rotwild ist durch den hohen Bejagungsdruck zum scheuen Nachttier geworden und lässt sich außerhalb der Schonzeit nur selten vom Hochsitz aus erblicken. Erhöht der Mensch den Jagddruck aber weiter, wird das Wild noch scheuer – ein Teufelskreis.

Das Bergen eines erlegten Hirsches ist oft schweißtreibende Arbeit.

Wo Maschinen zur Verfügung stehen, geht das Bergen deutlich bequemer.

Bei Hegeschauen werden die Jagdtrophaen des vergangenen Jagdjahres begutachtet.

Stangenschau«: Stangensucher haben im Winter im Rotwildrevier Abwurfstangen gesammelt. Im Frühjahr kommen sie zusammen, um die Geweihstangen zu begutachten und gegebenenfalls bekannte Hirsche zu identifizieren. Passstangen nennt man die zwei Geweihstangen, die zu dem selben Hirsch gehören.

In die Kritik geraten ist auch zunehmend die Fütterung außerhalb von Notzeiten, durch die im Winter die vielleicht brutal anmutende, aber doch natürliche Auslese schwacher Tiere verhindert wird. Gleiches gilt für die zielgerichtete Hege überhöhter Bestände oder die Auswahl der Beutetiere rein nach ihren Geweihen. Beides sorgt zwar für gute Geschäfte mancher Revierinhaber, die auf diese Weise Jagdgästen für mehrere Tausend Euro pro Abschuss große Jagdtrophäen nahezu garantieren können. Mit einem natürlich aufgebauten Wildbestand oder einer Auslese, wie sie Raubtiere träfen, hat das aber wenig zu tun, sondern man folgt eher dem Motto: Großes Angebot, viele Interessenten.

Ob ein Rotwildbestand allerdings überhaupt gehegt werden müsste, wenn man ihn – eingebettet in einen natürlichen Lebensraum samt Fressfeinden – seiner Wege ziehen ließe, ist dabei durchaus umstritten. Aber wenn ja: Wie diese Hege und damit auch die Bejagung aussehen müsste, auch darüber wird man wohl bis ans Ende aller Tage streiten.

Das Brauchtum gehört zur Jagd: Der Hirsch wird zur Strecke gelegt, mit dem Signal »Hirsch tot« und »Ende der Jagd – Halali« verblasen.

Der weiße Hirsch

Es gingen drei Jäger wohl auf die Birsch,
Sie wollten erjagen den weißen Hirsch.

Sie legten sich unter den Tannenbaum,
Da hatten die drei einen seltsamen Traum.

Der Erste:

Mir hat geträumt, ich klopf' auf den Busch,
Da rauschte der Hirsch heraus, husch husch!

Der Zweite:

Und als er sprang mit der Hunde Geklaff,
Da brannt ich ihn auf das Fell, piff paff!

Der Dritte:

Und als ich den Hirsch an der Erde sah,
Da stieß ich lustig ins Horn, trara!

So lagen sie da und sprachen, die drei,
Da rannte der weiße Hirsch vorbei.

Und eh die drei Jäger ihn recht gesehn,
So war er davon über Tiefen und Höhn.

Husch husch! piff paff! trara!

Ludwig Uhland (1787–1862)
Aus der Sammlung Balladen und Romanzen

Eine Bewegungsjagd

im Solling

Alles passt an diesem Morgen im Dezember – nur das Wetter nicht. Die silberfarben glänzenden Stahltüren der Wildkammer »Schießhaus« sind weit geöffnet, Revierleiter Andreas Helms erklärt den Tag. Er ist Förster im Dienste der niedersächsischen Landesforsten und vor ihm stehen 100 Menschen in Grün und Orange – vorwiegend Männer wollen heute an einer Bewegungsjagd im wildreichen Solling teilnehmen. Rotwild steht auf dem Abschussplan, Schwarz- und Rehwild sind zu erwarten und sollen ebenfalls zur Strecke gebracht werden.

Die Jagd im äußersten Süden Niedersachsens hat Tradition – der Solling ist für seinen Hochwildbestand bekannt. Allerdings war der Rothirsch lange Zeit nicht bewegungsfrei: ein Gatter hielt die Rudel zusammen. Aber vor einigen Jahren erstritt ein Privatmann vor Gericht den Abbau der Zäune und die Hirsche können nun Verbindung aufnehmen zu anderen Rotwildgebieten der Region. Vor allem der Harz wäre gut erreichbar, nur gut 60 Kilometer liegen zwischen den beiden Mittelgebirgen, für Wild, das so gut zu Fuß ist wie der Rothirsch, ist das kein Problem.

Es kommt vor, dass auf Bewegungsjagden auch junge Hirsche bis zum 3. Kopf freigegeben werden. Für viele Jäger ist das eine einmalige Gelegenheit, mit Glück einen Hirsch zu erlegen.

Der Solling erstreckt sich mit seinen Ausläufern bis nach Hessen und Nordrhein-Westfalen. Bis zu 527 Meter hoch erhebt er sich über 55.000 Hektar Buntsandsteingrund. Wald in verschiedensten Ausprägungen dominiert. Er wird unterbrochen von Sümpfen, Mooren und Wiesen und bietet auch so seltenen Arten wie Schwarzstorch und Wildkatze ein Auskommen.

Für das Rotwild ist der Wald ein kleines Paradies, auch wenn zumindest auf den Landesflächen schon seit Jahren im Winter nicht mehr zugefüttert wird – es sei denn, hoher Schnee hat eine ausgesprochene Notzeit verursacht, in der dann die Fütterung angeordnet wird. In den vergangenen Jahren war das kaum noch der Fall. Dem Hirschbestand geht es nun so gut, dass ein Teil der Rotkälber dieses Jahres und auch einige Schmal- und Alttiere gestreckt werden sollen.

Förster Andreas Helms und seine Mitstreiter laden deshalb stets Anfang Dezember zur Bewegungsjagd ins Forstamt Neuhaus bei Holzminden ein, genauer gesagt in die Revierförsterei Mühlenberg. Das ist auch die Heimat des Naturfotografen und Jägers Jürgen Borris, der schon viel Zeit seines Lebens auf der Pirsch verbracht hat – entweder mit der Büchse, genauso gerne aber auch mit seiner Canon EOS-Kamera.

Nach der Jagd gibt es Erbsensuppe für Jäger, Treiber und Fotografen.

Auch Willi Rolfes ist an diesem Morgen mit seinem Sohn Stephan nach Schießhaus gekommen – Willi mit dem Nikon-Fotoapparat, Stefan mit der Büchse. Beide wollen gleich einen der rund 100 Stände einnehmen, von denen aus die Schützen dem Wild zu Leibe rücken werden. Ich selbst bin als Treiber eingeteilt und vernehme erfreut, dass ich zum Essen nach der Jagd eingeladen bin. »Die Treiber werden von den Jägern immer freigehalten«, sagt Jürgen Borris und lächelt. Vermutlich, weil er genau weiß, was im bergigen Solling auf mich zukommt.
Und wenn nur dieser Regen nicht wäre. Pünktlich um sieben in der Frühe hat es angefangen, Bindfäden zu regnen. Der Untergrund weicht immer mehr auf und Jäger und Treiber stehen jetzt erst mal zwei Stunden im Regen. Denn bis Jagdleiter Helms die Gruppeneinteilung verkündet und die Schützen sich in kleinen Abteilungen in das 700 Hektar große Revier verteilt haben, dauert es.
Schließlich geht es los, mit einem VW Caddy fahren wir zu dritt in die sogenannten Abteilung 172. Weil sie an der Bundesstraße 497 liegt, sollen hier keine Hunde zum Aufschrecken des Wildes eingesetzt werden – sie könnten im Eifer des Gefechts unter ein Auto geraten. Außerdem wird das Wild durch menschliche Treiber bedächtiger in Bewegung gesetzt. Also müssen drei Treiber ran – Forstamtsmitarbeiter und Jäger Andreas führt die Gruppe an, dazu kommt mit dem 16-jährigen Joshua ein Anwärter auf den Jagdschein und mit mir ein Drückjagdneuling.

Auf geht es also ins dichte Holz. Im Januar 2007 hat der Orkan Kyrill hier hektarweise alte Fichten umgeweht. Was damals nach einer Katastrophe aussah, bedeutete in Wahrheit eine Chance für den Wald – denn die Förster ließen die Naturverjüngung der Fichte zwar zu, pflanzten aber auch Buchen nach.

Vom Ansitz aus hofft der Jäger auf Beute.

Durch Treiber und Hunde aufgescheucht sucht dieser starke Hirsch sein Heil in der Flucht. Dabei hat er nichts zu befürchten, weil ältere Hirsche nicht zum Abschuss freigegeben sind.

Acht Jahre später ist der Wald so vielgestaltig, dass sich die Bedingungen während des Treibens ständig ändern: dichte Buchenbestände, zwei bis fünf Meter hoch, wechseln mit halbwegs offenen Bereichen, in denen 120 Jahre alte Fichten dominieren. Es folgen Lichtungen, in denen Brombeerranken so dicht stehen wie Haare auf dem Hund. Ein Fortkommen ist hier nur mit Mühe möglich und so langsam schwant mir, warum Treiber zum Essen eingeladen sind.

Aber die Brombeeren sind beliebt – Wildschweine verstecken sich bei Regen gerne unter ihrem schützenden Dach, Rot- und Rehwild äst an den noch immer grünen Blättern. Beim Durchgehen schlage ich deshalb immer mal wieder auf die Brombeerverhaue, um Keiler, Bachen, Überläufer und Frischlinge aufzuschrecken. Und immer wieder findet sich frische Losung vom Rotwild. Fast hat man den Eindruck, sie sei noch warm.

Schießhaus – der Name könnte Programm sein, aber die ersten Schüsse wollen an diesem Vormittag noch nicht fallen. Ab 10.30 Uhr ist die Jagd freigegeben, genau bis 13 Uhr darf geschossen werden. Wer sich nicht an die Zeiten hält, nicht waidgerecht jagt oder sich sonst wie daneben benimmt, riskiert, beim nächsten Mal nicht wieder eingeladen zu werden. Alkohol auf dem Ansitz ist tabu – hier ist schon mal der Jagdschein in Gefahr. Und wer einen sogenannten Keulenschuss anträgt oder unsachgemäß aufbricht und damit das Wildbret ruiniert, muss das Tier am Ende selbst mit nach Hause nehmen und ohne Wertminderung bezahlen. Wer Raubwild wie den Fuchs erlegen will, muss es auch verwerten, das teure Fleisch vom Rotwild dagegen ist schon im Vorfeld an die Gastronomie verkauft worden.

Geschossen wird mit bleifreier Munition – das schont Greifvögel, die gerne die Innereien von erlegtem Wild nutzen und extrem auf Blei reagieren. Schon kleinste Mengen sammeln sich im Körper der Vögel an und sorgen für eine tödliche Vergiftung. Immer wieder sterben zum Beispiel Seeadler an den Folgen dieser Munition, deren bleifreie Alternativen unter Jägern wegen angeblich fehlender Treffsicherheit umstritten sind. Im Landesforst aber gibt es darüber keine Diskussion – wer jagen will, macht das bleifrei und nur nach Vorlage eines Schießnachweises, der regelmäßig erneuert werden muss.

Jedes erlegte Tier wird registriert und mit einer Nummernmarke versehen. Unmittelbar nach der Erlegung wird das Wildtier zum hochwertigen Lebensmittel und muss dementsprechend sorgsam behandelt werden – der Weg vom Braten hin zum Schützen muss zurückverfolgt werden können.

Ein erlegtes Alttier mit einem »Geigenkasten« genannten markanten Kopf.

Das Jagdhornblasen hat eine jahrhundertelange Tradition. Es erweist nicht nur dem Schützen die Ehre, sondern auch dem erlegten Tier.

Alles ist also geregelt und gesichert – immerhin sind mehrere Dutzend Jäger mit ihren Waffen unterwegs, und Unglücke müssen vermieden werden. Signalfarbene Kopfbedeckung und Warnweste schreiben die Unfallverhütungsvorschriften vor, deshalb tragen auch wir Treiber Warnkleidung aller Art, als wir uns in einer Kette durchs Unterholz bewegen. Wenn Wege oder Schneisen die Sicht ermöglichen, verständigt sich die Gruppe kurz und geht erst dann weiter. Jäger Andreas gibt den Ton an und mit einem lauten »Hopp, hopp, hopp« versuchen wir nicht nur, das Wild aufzuscheuchen, sondern halten auch Kontakt, wenn Buchen und Fichten die Sicht zum Nebenmann versperren.

Ein herzliches Weidmannsheil dem glücklichen Erleger.

Wildreich ist unser Abschnitt, das lässt sich an Losung und Spuren erkennen. Aber weder Rothirsch noch Reh und schon gar keine Sau lassen sich blicken. Um Punkt elf erlegt ein Jäger irgendwo in der Nähe ein Reh, wie wir später erfahren. Aber dann ist bis 11.30 Uhr nichts zu hören. Kein Schuss peitscht durch den Wald. Dann aber knallt es ab und an, mal weiter entfernt, mal in der Nähe. Rauf und runter geht es durch den Solling, schweißtreibend.

Am Ende gelangen wir drei Treiber wieder zu jenem Waldweg, an dem das Treiben für uns begonnen hatte – einmal runter und wieder rauf, das war unser Auftrag. »Hahn in Ruh« nennt der Jäger das Ende der Jagd um 13 Uhr, und von nun an fällt kein Schuss mehr. Nach und nach kommen auch die Schützen zum Ausgangspunkt am Waldweg zurück und berichten von ihren Erlebnissen, von Jagdhunden, die Schutzwesten aus Karbon gegen beißende Keiler tragen, auf denen aber auch die Handynummer ihrer Besitzer vermerkt ist und die von Helfern irgendwo wieder eingefangen wurden, nachdem eine Witterung sie weit vom Herrchen davon getragen hatte.

Das erlegte Wild wird am zentralen Aufbruchsplatz aufgebrochen und fachmännisch versorgt. Ein Galgen dient als Aufbruchhilfe.

Ganz in der Nähe kam ein etwa 50 Kilogramm schweres Wildschwein zur Strecke. Schon kurz nach dem Aufbrechen (das beschreibt den ganzen Vorgang des „Ausweidens) kreuzen Kolkraben auf. Erst seit einigen Jahren leben sie wieder im Solling, und immer wenn Jagdschüsse fallen, gehen sie ihrerseits auf die Pirsch. Eingeweide sind eine leichte Beute, und sobald die Menschen fort sind, arbeiten die schlauen Raben als Müllentsorger. Meistens sind sie noch vor Greif und Fuchs vor Ort und weisen ihnen durch ihr Gekrächze den Weg.

Beim Legen der Strecke muss alles seine Ordnung haben.

Auch Wildschweine sind eine gern erlegte Jagdbeute.

Zurück geht es zur Wildkammer in Schießhaus, wo sich beim einst legendären, hier aber sehr ruhigen Schüsseltreiben alle bei drei Sorten Suppe, Kaffee und Kuchen und dem einen oder anderen Bier stärken. Jürgen Borris hat heute keinen Treffer landen können, denn, obwohl genügend Wild an seinem Stand vorbei lief, passte entweder die Entfernung nicht, oder die Tiere waren zu schnell, um einen sicheren Schuss anzutragen. Auch Stephan Rolfes hatte wenig Glück – ihm kam zwar ein passendes Schmaltier vor den Lauf, er konnte es aber nicht erlegen.

Und so steht am Ende folgende Bilanz der Bewegungsjagd im Forstamt Neuhaus: neun Stück Rotwild, von der ganz »alten Tante« mit Geigenkastenhaupt bis zum Schmaltier, sieben Wildschweine allen Alters und fünf Rehe liegen auf der Strecke. Die Jagdhornbläser vermelden »Hirsch tot«, »Sau tot« und »Reh tot«, Raubwild ist nicht gefallen; in Revieren mit wenig Niederwild und viel Hochwild betrachtet man den Fuchs offenbar vergleichsweise entspannt.

»Ich hätte mir noch eine größere Strecke vorstellen können«, sagt Jürgen Borris, der die Reviere hier kennt wie seine Westentasche. Die maximale, aber nur kurze Aufregung des gesamten Wildbestandes zur Erzielung einer möglichst großen Strecke gilt inzwischen als probates Mittel, um den teilweise stark steigenden Wildbeständen zu Leibe zu rücken und so dem Baumjungwuchs im Wald bessere Startchancen zu verschaffen. Denn weniger hungrige Mäuler von Hirsch und Reh bedeuten auch mehr Raum zum Wachsen.

Auf Dauer dürften die Jäger bei dieser Aufgabe wirkungsvolle Unterstützung erhalten: der Luchs hat vor einiger Zeit den Sprung aus dem Harz in den Solling geschafft und lauert auf Rehe. Und Revierleiter Andreas Helms berichtet beim Schüsseltreiben, der Verdacht, auch ein Wolf streife durch den Solling, habe sich möglicherweise erhärtet. Er hatte während der Jagd ein gerissenes Hirschkalb gefunden. Gerissen vermutlich vom Wolf.

Der Luchs streift regelmäßig durch den Solling.

Der Hirsch und der Fuchs

»Hirsch, wahrlich, das begreif ich nicht«,
Hört ich den Fuchs zum Hirsche sagen,
»Wie dir der Mut so sehr gebricht?
Der kleinste Windhund kann dich jagen.
Besieh dich doch, wie groß du bist!
Und sollt es dir an Stärke fehlen?
Den größten Hund, so stark er ist,
Kann dein Geweih mit einem Stoß entseelen.
Uns Füchsen muß man wohl die Schwachheit übersehn;
Wir sind zu schwach zum widerstehn.
Doch daß ein Hirsch nicht weichen muß,
Ist sonnenklar. Hör meinen Schluß.
Ist jemand stärker, als sein Feind,
Der braucht sich nicht vor ihm zurückzuziehen;
Du bist den Hunden nun weit überlegen, Freund:
Und folglich darfst du niemals fliehen.«

»Gewiß, ich hab es nie so reiflich überlegt.
Von nun an«, sprach der Hirsch, »sieht man mich unbewegt,
Wenn Hund' und Jäger auf mich fallen;
Nun widersteh ich allen.«

Zum Unglück, daß Dianens Schar
So nah mit ihren Hunden war.
Sie bellen, und sobald der Wald
Von ihrem Bellen widerschallt,
Fliehn schnell der schwache Fuchs und starke Hirsch davon.
Natur tut allzeit mehr, als Demonstration.

Gotthold Ephraim Lessing (1729–1781)

DER ROTHIRSCH
in der Mythologie

Kraft, Anmut und Schönheit: Der Rothirsch und seine nahezu baugleichen Verwandten in Nordamerika galten in vielen Kulturen als Symbol für Göttlichkeit und Neubeginn, und dies vor allem wegen seines Geweihs. Weil nur wenige Tiere so wie die Hirsche in der Lage sind, Jahr für Jahr ein bedeutendes Körperteil komplett zu erneuern, stand für viele frühere Kulturen der Kopfschmuck der Hirsche für den Kreislauf des Lebens, für Tod und Neubeginn, für Licht und Dunkelheit.

In der Steinzeit etwa legte man bei Bestattungen einigen – vermutlich zu Lebzeiten besonders bedeutsamen – Verstorbenen Hirschgeweihe in die Gräber. Sie sollten ihnen in einer anderen Welt neues Leben sichern.

Auch nutzte man seit der Mittelsteinzeit, dem sogenannten Mesolithikum etwa ab 9600 vor Christus Rothirschgeweihe als Grundstoff für Geweihäxte, die für Jagd und Kampf eingesetzt wurden. Zwar standen auch Elchgeweihe zur Verfügung, sie waren aber weit seltener und aus anatomischen Gründen nicht so gut nutzbar wie die des Rothirsches. Rehgehörne waren zu klein, der Damhirsch kam damals in Mitteleuropa nicht vor.

Auch bei den Kelten spielte der Rothirsch eine mythologische Rolle. Er war eines der am höchsten geachteten Tiere und galt als Herr des Waldes. Irrende, Suchende oder Jäger trafen in keltischer Gedankenwelt oftmals auf einen Zauberhirsch, der ihnen den Weg zum Ziel oder zum Seelenfrieden wies. Auch führte der Hirsch die Menschen in die Anderswelt, einen nach keltischer Vorstellung auf einer entrückten Ebene existierenden Wohnort mystischer Wesen und Personen.

Mit Cernunnos, übersetzt »der Gehörnte«, tauchte immer wieder ein Gott der Natur, der Tiere und der Fruchtbarkeit auf. Dieser Mann trug ein Hirschgeweih. Götter ließen ihre Streitwagen von Hirschen ziehen – ganz ähnlich saust ja bis heute der Schlitten des Weihnachtsmannes hinter Rentieren durch den Nachthimmel.

Auch die Germanen verehrten den Hirsch. In ihrer Nordischen Mythologie weideten vier Hirsche namens Dainn, Dwalinn, Duneyr und Durathor an der sogenannten Weltenesche Yggdrasil und fraßen die Triebe ab. Auch gaben sie den Windrichtungen damals ihren Namen.

Weltweit spielte der Hirsch immer wieder eine bedeutende Rolle, etwa bei den Azteken Mittelamerikas, oder in China, wo das Wort »lu« gleichsam Hirsch und »Geldeinkünfte« bedeutete. Die nordamerikanischen Hoopa-Indianer nutzten in ihrer kalifornischen Heimat den Hirsch als Symbol für die regelmäßige Erneuerung der Welt.

Beim »Weißhirschfell-Tanz« kleiden sich die Akteure in Hirschfelle. Er kann bis zu zwei Wochen dauern und soll eine gute Ernte bewirken. Und im Buddhismus lehrt der König der Hirsche den König der Menschen: Kein Lebewesen hat das Recht, ein anderes zu töten.

In der griechischen Mythologie kannte man die Kerynitische Hirschkuh, die die Felder in Arkadien verwüstete. Die Hirschkuh hatte goldene Hufe und ein goldenes Geweih. Sie war so schnell, dass sie einem Pfeil davonlaufen konnte. Gott Herakles hatte die Aufgabe, die heilige Hirschkuh lebend zu fangen. Nach unterschiedlichen Angaben jagte er sie ein ganzes Jahr lang, bis er sie endlich eingefangen hatte – entweder mit einem Netz, das er über die schlafende Hirschkuh warf, oder indem er ihre beiden Vorderläufe mit einem Pfeil durchschoss und sie somit fesselte. Da er genau zwischen Sehnen und Knochen traf, floss dabei kein Blut – der Sage nach.

Eine Rolle spielt der Hirsch auch bei den Römern, bei denen das Geweih als Opfergabe für die Licht- und Jagdgöttin Diana beschrieben wird. Sie wurde häufig in Begleitung einer Hirschkuh mit goldenem Geweih dargestellt.

Und das Nibelungenlied, ein aus dem 13. Jahrhundert stammendes deutsches Heldenepos, überliefert, dass Siegfried der Drachentöter dereinst von einer Hirschkuh gesäugt wurde.

Der Hirsch hat auch Eingang in die Volksmedizin gefunden und gab daher vielen Apotheken seinen Namen. Dass seine Produkte tatsächlich Krankheiten lindern konnten, muss allerdings bezweifelt werden. In Asien nutzte oder nutzt man bis in die Neuzeit zum Beispiel Hirschbast, also die vom gerade ausgewachsenen Geweih abgestreifte Haut, für allerlei fragwürdige Anwendungen.

Und der Hirsch spielt bis heute auch in Deutschland eine wichtige Rolle. Am bekanntesten ist wohl eine am Ende paradoxe Geschichte, nämlich die des Heiligen Hubertus.
Der Sohn von Herzog Bertrand von Toulouse lebte von 655 bis 727 nach Christus. Nachdem ihm eigentlich eine glanzvolle Karriere bei Hofe beschieden war, spielte ihm das Schicksal übel mit: Hubertus´ Frau starb bei der Geburt des ersten Kindes und er stürzte sich der Sage nach in allerlei Vergnügungen gegen den Kummer – unter anderem in die Jagd. Vielleicht verbrachte er sogar lange Jahre als Einsiedler im Wald.

Als er eines Tages, möglicherweise am Osterfest, bei der Jagd einen Hirsch aufgespürt hatte und ihn verfolgte, um ihn zu töten, stellte sich dieser ihm plötzlich entgegen. Zwischen seinem Geweih erstrahlte angeblich ein Kreuz, und in der Gestalt des Hirsches sprach Christus zu ihm: »Hubertus, warum verfolgst du mich?«
Auch soll ihn die Stimme gemahnt haben, sein ausschweifendes Leben zu beenden und sich Gott zuzuwenden.

Das tat Hubertus dann tatsächlich mit Inbrunst und ließ sich zum Priester weihen. Jenseits der Wundererzählung tatsächlich belegbar ist das Wirken von Hubertus als späterer Missionar und Bischof von Tongern-Maastricht im heutigen Belgien. 727 starb Hubertus und wurde Berichten zufolge am 3. November 743 wegen einiger Wunder, die man ihm zuschrieb, heiliggesprochen.

Hubertus gilt heute als Schutzpatron der Jäger, Förster und Waldarbeiter aber auch der Schützenvereine. Dargestellt wird der Heilige als Jäger oder Bischof – mit einem Hund und dem Hirsch mit einem leuchtenden Kreuz zwischen den Geweihstangen. Ein wenig erstaunlich ist das wohl schon – schließlich hatte Hubertus dem Jagdleben einst abgeschworen.

Dennoch rankten sich um ihn zahlreiche Bräuche: Das geweihte Hubertusbrot soll gegen den Angriff tollwütiger Hunde schützen und wurde einst zum einen ins Viehfutter gemischt, zum anderen auch in Bekleidung eingenäht. Der Hubertusschlüssel ist eine Art Nagel, dessen Kopf ein stilisiertes Jagdhorn trägt und tollwutkranken Tieren als Heilmittel in die Bisswunde gedrückt wurde.

Diese Hubertus-Legende könnte ihrerseits auf eine frühere angebliche Christuserscheinung des römischen Feldherren Placidus unter Kaiser Trajan (53 bis 117) zurückgehen. Auch ihm hatte ein Hirsch aufgetragen, sich von der Jagd und seinem früheren Leben abzukehren. Danach ließ Placidus sich und seine Familie christlich taufen und nannte sich fortan Eustachius.

Auch in der Bibel spielt der Hirsch eine Rolle. In Psalm 42,2-3 heißt es etwa: »Wie der Hirsch über ausgetrockneten Wasserbächen lechzt, so verlangt meine Seele nach dir, Gott.« Der Hirsch warb damit für ein Leben in Reinheit, Frömmigkeit und religiöser Tugend.

Selbst in moderne Literatur hält der Rothirsch noch Einzug, zum Beispiel in den dritten Band der Harry-Potter-Saga. Zwar verschafft Autorin Joanne K. Rowling dem großen Säugetier keinen so glanzvollen Auftritt wie der Eulenzunft. Aber immerhin schützt ein starker Zauber, der »Patronus«, den Titelhelden vor dunklen Mächten. Der Patronus trat in Gestalt eines mächtigen Geweihträgers auf.

Für die modernen Jäger von heute hat das Tier seine Faszination natürlich ebenfalls bewahrt. Nicht wenige warten ein Jagdleben lang auf den einen kapitalen Geweihträger, der all ihre Vorstellungen von Kraft, Anmut und Lebensgeschichte erfüllt und damit zur begehrtesten Jagdbeute überhaupt wird. Die Jäger nennen derartige Exemplare, die im Tod mit dem Waidmann verbunden werden, ihren Lebenshirsch.

Der Hirsch, der Hase und der Esel

Ein Hirsch mit prächtigem Geweih
Von achtzehn Enden ging spazieren.
Ein Hase lief vorbei
Sah ihn, und stutzte. Starr auf allen vieren
Steht er und gafft ihn an.
Macht Männchen, geht heran.
Sagt: »Lieber, sieh mich an,
Ich bin ein kleiner Hirsch
Denn spitz ich meine Ohren,
So hab ich solch Geweih wie du.«
Ein Esel hörte zu,
Sprach: »Häschen, du hast recht,
Wir sind von einerlei Geschlecht,
Der Hirsch und ich und du.«

Der Hirsch tat einen Seitenblick
Und ging in seinen Wald zurück.

Johann Wilhelm Ludwig Gleim (1719–1803)

ROTWILD beobachten

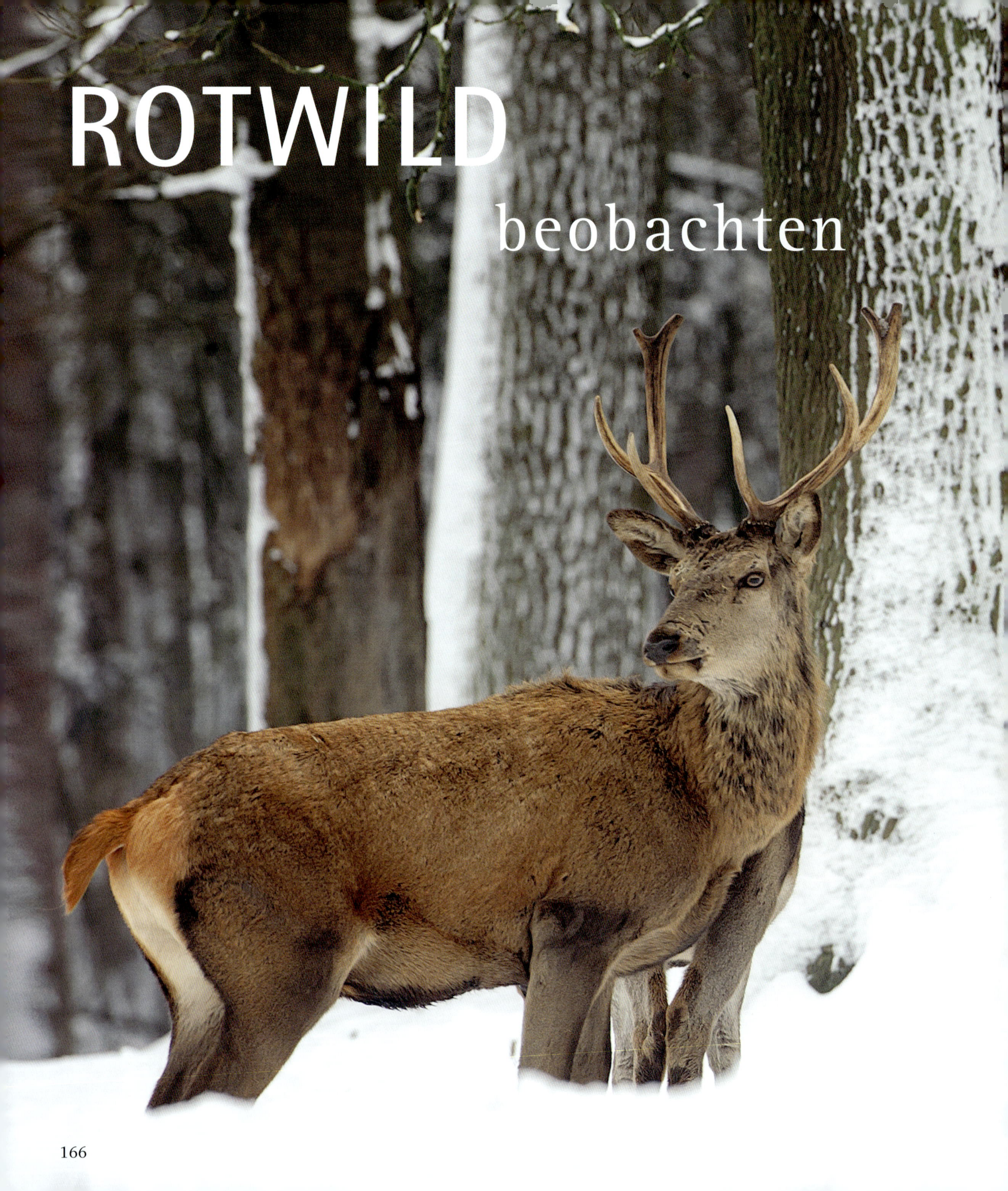

Rotwild in freier Wildbahn zu beobachten ist recht schwierig. Die Tiere sind sehr scheu und zeigen sich nicht gerne. Allerdings kommt man Rotwild natürlich in Wildgehegen sehr nahe und vor allem zur Brunftzeit im Herbst und bei der winterlichen Fütterung zum Beispiel im Nationalpark Berchtesgaden. Hier folgen ein paar Ausflugstipps in Kurzform. Mehr Rotwildgebiete findet man im Netz unter rothirsch.org.

Rotwildreservat Blavand Strand in Norddänemark:
Hier leben 1.200 Tiere auf 17.000 Hektar. Ein gut erschlossenes Feriengebiet am Meer liegt in der Nachbarschaft.

Nationalpark Hooge Veluwe, Niederlande:
200 Stück Rotwild in traumhafter Heide. Vor allem zur Brunftzeit beliebt.
www.hogeveluwe.nl.

Oostvaardersplassen:
Dieses 5.600 Hektar große Naturentwicklungsgebiet liegt in den Niederlanden unweit von Amsterdam. Auf der dem Ijsselmeer abgerungenen Fläche war die vorgesehene Nutzung durch Industrie oder Landwirtschaft nicht möglich, deshalb fiel sie in den 1970er Jahren brach. Seit 1992 versuchen die Niederlande, das Gebiet als Offenlandbiotop zu entwickeln. Neben 1.000 Pferden und 400 Heckrinder weiden hier auch 850 Rothirsche, die allesamt weitgehend sich selbst überlassen werden.

Sielmanns Naturlandschaft Döberitzer Heide:
Erleben Sie eine atemberaubende, wildnisartige Naturlandschaft vor den Toren Berlins mit Wisenten, Przewalski-Pferden und Rotwild.

Nationalpark Vorpommersche Boddenlandschaft:
Hier gibt es geführte Exkursionen zur Hirschbrunft im Darßwald. Die Rothirsche sind zum Teil im Ostseebodden zu beobachten.

Naturpark Arnsberger Wald bei Soest (NRW):
Einer der größten Rotwildbestände lebt hier.

Nationalpark Berchtesgaden:
Exkursion zur Rotwildfütterung im Winter.

Müritz Nationalpark:
Rotwildführungen.

Tierpark Jægersborg, Dänemark:
Nördlich von Kopenhagen liegt der weit über 1.000 Hektar große Tierpark Jægersborg, der auf König Frederik III. zurückgeht. Der Monarch beschloss 1669 ein Stück Wald einzuzäunen, um hier Wild zu züchten. Allerdings starb Frederik III. nur ein Jahr später. Sein Sohn, König Christian V., vergrößerte das Areal 1670 auf seine heutigen Ausmaße, um mehr Platz für die von ihm geliebte Fuchsjagd zu haben. Auch viele Jahre später noch diente Jægersborg Dyrehave als privates Jagdrevier der dänischen Könige.
Seit 1756 ist der größtenteils aus Naturwald bestehende Wildpark öffentlich zugänglich. Heute leben hier etwa 2.000 Hirsche, davon rund 1.600 Damhirsche, ungefähr 300 Rothirsche und ca. 100 der aus Ostasien stammenden Sikahirsche. Weil das Wild eingezäunt ist, kann es sich nicht verteilen. Um den Bestand zu wahren und eine Übervölkerung zu vermeiden, werden deshalb jährlich rund 700 Tiere geschossen.

Außerdem:
Duvenstedter Brook bei Hamburg mit regelmäßigen Führungen. Niedersächsische Landesforsten – Forstamt Göhrd. Solling mit Führungen im Wildpark Neuhaus. Lüneburger Heide Starkshorn. Nationalpark Unteres Odertal. Nationalpark Bayerischer Wald – Schaufütterung im Winter.
Nationalpark Eifel – Beobachtungskanzeln zur Brunft.
Nationalpark Harz – Schaufütterungen im Winter.

Eine Lügengeschichte

»Einst, als ich all mein Blei verschossen hatte, stieß mir, ganz wider mein Vermuten, der stattlichste Hirsch von der Welt auf. Er blickte mir so mir nichts dir nichts ins Auge, als ob er`s auswendig gewußt hätte, daß mein Kugelbeutel leer war. Da lud ich meine Flinte rasch mit Pulver und darüber eine ganze Handvoll Kirschkerne von denen ich, so hurtig sich das tun ließ, das Fleisch abgezogen hatte. Und so gab ich dem Hirsche die volle Ladung mitten auf die Stirn zwischen das Geweih. Der Schuß betäubte ihn zwar – er taumelte – raffte sich aber doch wieder auf und machte sich aus dem Staube. Ein oder zwei Jahre später war ich in eben diesem Wald auf der Jagd und siehe: zum Vorschein kam ein stattlicher Hirsch mit einem voll ausgewachsenen Kirschbaume, mehr als zehn Fuß hoch, zwischen seinem Geweih. Da fiel mir gleich mein vorheriges Abenteuer wieder ein; ich sah den Hirsch als mein längst erworbenes Eigentum an und brachte ihn durch einen wohlgezielten Schuß zur Strecke. Der Baum hing reichlich voll Früchte, wie ich sie in meinem ganzen Leben so delikat nicht gegessen hatte.«

Aus: Des Freiherrn von Münchhausen Reisen und Abenteuer. Nach G.A. Bürger für die Jugend bearbeitet. R. Thienemanns Verlag, Stuttgart, ca. 1900

Literaturangaben

Margret Nußbaum: Der Heilige aus dem Wald. Entnommen aus www.katholisch.de

Dr. Doris Hofer und Dr. Wolfgang Wegner: Geschichten und Legenden über den Rothirsch. Entnommen aus http://rothirsch.org

S. Lowe, M. Browne, S. Boudjelas, M. De Poorter: 100 of the World's Worst Invasive Alien Species. A selection from the Global Invasive Species Database. Published by The Invasive Species Specialist Group (ISSG) a specialist group of the Species Survival Commission (SSC) of the World Conservation Union (IUCN), 12pp. First published as special lift-out in Aliens 12, December 2000. Updated and reprinted version: November 2004.

Clemens Zerling und Wolfgang Bauer: Lexikon der Tiersymbolik. Mythologie, Religion, Psychologie. München 2003.

Das Jahr des Rothirsches verändert nach www.rothirsch.org.

Wagenknecht, Egon: Der Rothirsch. Die Neue Brehm Bücherei 129. Magdeburg 1996.

Tagungsbände zu den Rotwildsymposien der Deutschen Wildtierstiftung.

Zerling, Clemens und Bauer, Wolfgang: Lexikon der Tiersymbolik. München 2003.

Jarck, Horst-Rüdiger: Pferde, Hunde und ein Fürst. Die Jagd des Bischofs Clemens August im Emsland. Erschienen in: Jahrbuch des Emsländischen Heimatbundes, Band 33, Sögel 1987.

Fitschen, Hans-Peter: Jägersprache. Wörterbuch von A–Z. Drochtersen 2014.

Fuhr, Eckhard: Rückkehr der Wölfe. Riemann-Verlag, München 2014.